SAMMLUNG GÖSCHEN BAND 119

STATIK DER BAUKONSTRUKTIONEN

I

GRUNDLAGEN

von

DR.-ING. ALFRED TEICHMANN
o. Professor der Technischen Universität Berlin-Charlottenburg

Mit 51 Abbildungen und 8 Formeltafeln

WALTER DE GRUYTER & CO.
vormals G. J. Göschen'sche Verlagshandlung · J. Guttentag, Verlagsbuchhandlung · Georg Reimer · Karl J. Trübner · Veit & Comp.
BERLIN 1956

Für freundliche Unterstützung spreche ich Herrn Oberingenieur Dipl.-Ing. G. Pohlmann meinen Dank aus

Der Verfasser

Archiv-Nr. 11 01 19
Satz: Walter de Gruyter & Co., Berlin W 35
Druck: Sala-Druck, Berlin N 65
Printed in Germany

Inhalt

I. Fesselung

A. Vorbemerkung

Die im folgenden behandelten Baukonstruktionen sind an bestimmten Stellen mit dem Erdboden verbunden (s. Bild 1a) – unmittelbar oder über weitere Konstruktionen –, und zwar derart, daß sie keine Bewegungen ausführen könnten, wenn das Material und der Erdboden starr wären.

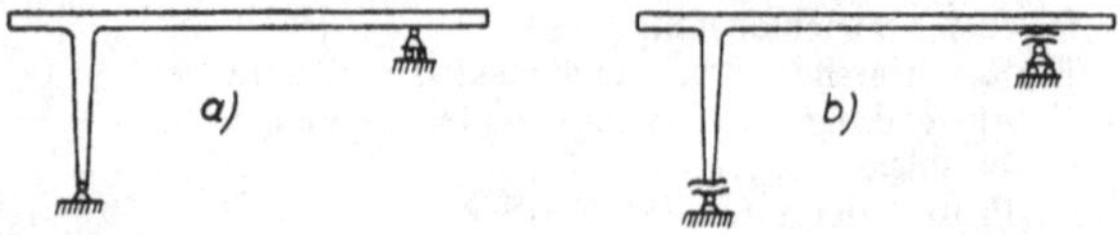

Bild 1. Baukonstruktion *a*) gelagert, *b*) abgeschnitten

Um Näheres darüber auszusagen, wie diese Verbindung, die „Fesselung" oder „Lagerung", herbeigeführt werden kann, werde zunächst angenommen, eine in sich starre Baukonstruktion sei vom Erdboden abgeschnitten (s. Bild 1b). Bei einer dann denkbaren Bewegung führe die Konstruktion eine Drehung $\overline{\varphi}$ aus, zugleich beschreibe eine Stelle der Konstruktion einen Weg $\mathfrak{w}$ (s. Bild 2); $\overline{\varphi}$ und $\mathfrak{w}$ seien „klein" im Sinne von Differentialen.

B. Drehungen und Wege

1. Darstellung

Kleine Drehungen $\overline{\varphi}$ und Wege $\mathfrak{w}$, zusammenfassend als „Verschiebungen" bezeichnet, sind Vektoren; d. h. sie können durch Pfeile dargestellt werden (s. Bild 2)[1].

---

[1]) Im folgenden sind Vektoren in Frakturschrift oder auch in griechischer Schrift, und dann mit Querstrich, wiedergegeben.

$\overline{\varphi}$: Die Länge des Pfeiles kennzeichne den Absolutbetrag $|\overline{\varphi}|$ des Drehwinkels (Winkel im Bogenmaß); der Pfeil stehe senkrecht zur Ebene des Winkels; die Pfeil-Spitze kennzeichne den Richtungs-Sinn, in dem – entlang dem Pfeil – zu blicken ist, damit $\overline{\varphi}$ als Drehung im Uhrzeigersinn erscheint.

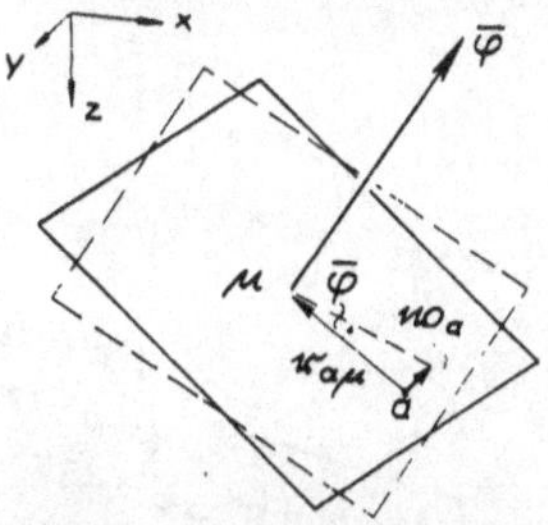

Bild 2. Drehung und Weg

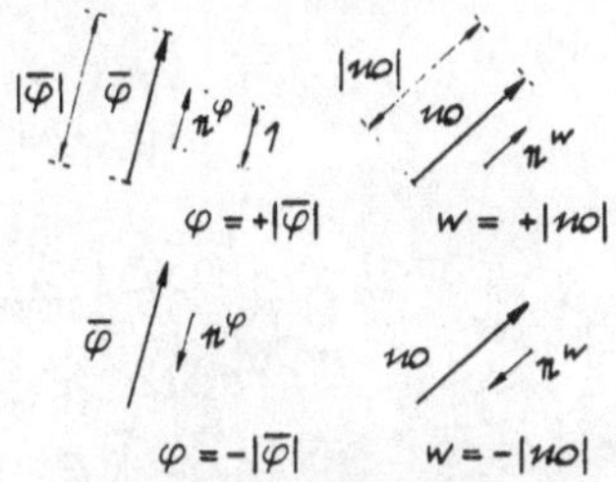

Bild 3. Einheitsvektor und Betrag eines Vektors

$\mathfrak{w}$: Die Länge des Pfeiles kennzeichne den Absolutbetrag $|\mathfrak{w}|$ des Weges (Weglänge); der Pfeil liege parallel der Geraden durch den Anfangs- und den Endpunkt des Weges; die Pfeil-Spitze kennzeichne den Richtungs-Sinn, in dem der Weg durchlaufen wird.

Bedarfsweise wird geschrieben:

$$\overline{\varphi} = \varphi \mathfrak{e}^{\varphi}, \quad \mathfrak{w} = w \mathfrak{e}^{w}; \tag{1}$$

dabei bedeute (s. Bild 3):

$\mathfrak{e}^{\varphi}$, $\mathfrak{e}^{w}$ den sog. „Einheitsvektor" zu $\overline{\varphi}$ bzw. zu $\mathfrak{w}$: Pfeil mit der Länge 1, parallel dem zur Darstellung von $\overline{\varphi}$ bzw. $\mathfrak{w}$ dienenden, jedoch mit beliebig gewähltem Richtungs-Sinn,

φ, w den „Betrag" von $\overline{\varphi}$ bzw. von $\mathfrak{w}$, d. h.:

$$\varphi = \pm |\overline{\varphi}|, \quad w = \pm |\mathfrak{w}|, \tag{2}$$

wobei das Zeichen + oder – gilt, je nachdem der Richtungs-Sinn von $\overline{\varphi}$ bzw. von $\mathfrak{w}$ gleich oder entgegengesetzt dem von $\mathfrak{e}^{\varphi}$ bzw. $\mathfrak{e}^{w}$ ist (s. Bild 3, 4).

2. Komponenten

Im folgenden wird ein Vektor gewöhnlich durch die Projektionen des ihn darstellenden Pfeiles auf die Achsen x, y, z eines rechtwinkligen Rechts-Koordinatensystems beschrieben (s. Bild 4):

$$e_x, \quad e_y, \quad e_z,$$
$$\varphi_x, \quad \varphi_y, \quad \varphi_z,$$
$$w_x, \quad w_y, \quad w_z.$$

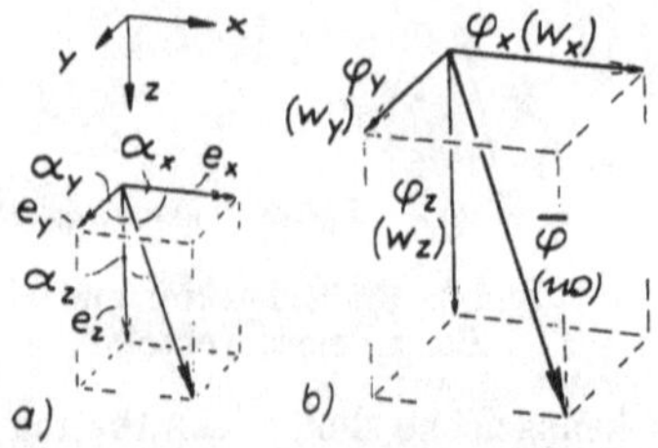

Bild 4. Komponenten bezüglich der Koordinatenachsen

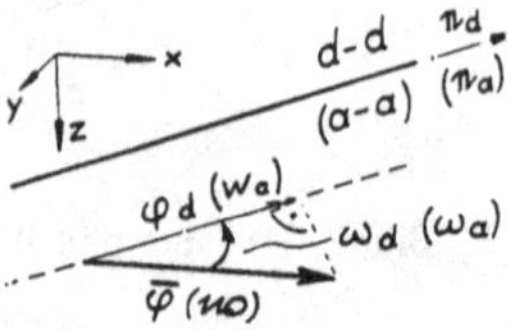

Bild 5. Komponenten bezüglich einer Geraden

Die Beträge dieser Projektionen werden dann als die „Komponenten bezüglich x, y, z" bezeichnet; ihre Zahlenwerte sind positiv oder negativ, je nachdem die betreffende Projektion gleich oder entgegengesetzt dem positiven Ast der Achse x, y bzw. z weist.

Wie leicht ersichtlich, gilt (s. Bild 4a):

$$e_x = \cos\alpha_x, \; e_y = \cos\alpha_y, \; e_z = \cos\alpha_z, \tag{3a}$$

ferner (s. Bild 3):

$$\varphi_x = \varphi e_x^{\varphi}, \quad \varphi_y = \varphi e_y^{\varphi}, \quad \varphi_z = \varphi e_z^{\varphi}, \tag{3b}$$

$$w_x = w e_x^{w}, \quad w_y = w e_y^{w}, \quad w_z = w e_z^{w} \tag{3c}$$

sowie (s. Bild 4):

$$\begin{aligned} |\mathfrak{e}| &= \left|\sqrt{e_x^2 + e_y^2 + e_z^2}\right| = 1, \\ |\overline{\varphi}| &= \left|\sqrt{\varphi_x^2 + \varphi_y^2 + \varphi_z^2}\right| = |\varphi|, \\ |\mathfrak{w}| &= \left|\sqrt{w_x^2 + w_y^2 + w_z^2}\right| = |w|. \end{aligned} \tag{4}$$

Oft wird auch die Projektion des den Vektor darstellenden Pfeiles auf irgendeine Gerade, z. B. $d-d$ oder $a-a$, benötigt (s. Bild 5), d. h. die „Komponente bezüglich $d-d$ oder $a-a$“. — Die Richtung von $d-d$ oder $a-a$ werde durch einen ihr parallelen Einheitsvektor $\mathfrak{e}_d$ bzw. $\mathfrak{e}_a$ gekennzeichnet, womit dann auf der Geraden auch noch ein Richtungs-Sinn, nämlich der von $\mathfrak{e}_d$ bzw. $\mathfrak{e}_a$ eingeführt wird. Dann gilt für die Komponente von $\overline{\varphi}$ bezüglich $d-d$ bzw. für die Komponente von $\mathfrak{w}$ bezüglich $a-a$:

$$\varphi_d = |\overline{\varphi}| \cos\omega_d, \quad w_a = |\mathfrak{w}| \cos\omega_a, \tag{5}$$

wobei ω_d bzw. ω_a den Winkel bedeutet, um den der den Vektor $\overline{\varphi}$ bzw. $\mathfrak{w}$ darstellende Pfeil um seinen Fußpunkt zu drehen ist, bis er die Richtung und den Richtungs-Sinn des Einheitsvektors $\mathfrak{e}_d$ bzw. $\mathfrak{e}_a$ annimmt. Ferner gilt[1])

$$\varphi_d = \varphi_x e_{x(d)} + \varphi_y e_{y(d)} + \varphi_z e_{z(d)}, \tag{6a}$$

$$w_a = w_x e_{x(a)} + w_y e_{y(a)} + w_z e_{z(a)}, \tag{6b}$$

kurz:

$$\varphi_d = \overline{\varphi}\mathfrak{e}_d \; (= \mathfrak{e}_d\overline{\varphi}), \quad w_a = \mathfrak{w}\mathfrak{e}_a \; (= \mathfrak{e}_a\mathfrak{w}), \tag{7}$$

sog. „inneres oder skalares Produkt“ der Vektoren $\overline{\varphi}$ und $\mathfrak{e}_d$ bzw. $\mathfrak{w}$ und $\mathfrak{e}_a$. (Sind beide Pfeile, die zwei Vektoren $\mathfrak{a}$ und $\mathfrak{b}$ darstellen, einander parallel, so gilt $|\mathfrak{a}\mathfrak{b}| = |ab|$; stehen sie aufeinander senkrecht, so gilt $\mathfrak{a}\mathfrak{b} = 0$.)

[1]) Die Herleitung der elementaren Formeln der Vektorrechnung wird als bekannt vorausgesetzt; s. z. B. S. Valentiner, Vektoranalysis; Sammlung Göschen, Bd. 354; W. Müller, Dynamik I; Sammlung Göschen, Bd. 902. — Im folgenden kennzeichnet bei Vektorkomponenten: ein nicht eingeklammerter Zeiger die Richtung der Bezugsgeraden (Richtungszeiger), ein eingeklammerter Zeiger eine Stelle oder eine Strecke der Konstruktion (Ortszeiger).

3. Vektorielle Addition

Führt die vom Erdboden abgetrennte Konstruktion nacheinander mehrere Drehungen $\overline{\varphi}'$, $\overline{\varphi}''$, ... aus, so ergibt sich die daraus „resultierende Drehung" $\overline{\varphi}_{\text{res}}$ lt. Bild 6 durch „geometrische Addition" der die Drehungen $\overline{\varphi}'$, $\overline{\varphi}''$, ... darstellenden Pfeile: Die Pfeile werden so aneinandergereiht, daß jeweils die Spitze des einen mit dem Fuß des nächsten zusammenfällt; der Fuß u des ersten Pfeiles wird mit der Spitze v des letzten durch einen von u nach v weisenden Pfeil verbunden; dieser stellt $\overline{\varphi}_{\text{res}}$ dar. Die Komponenten von $\overline{\varphi}_{\text{res}}$ sind[1]):

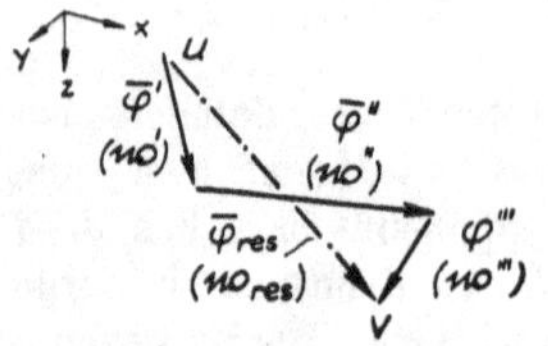

Bild 6. Geometrische Addition

$$\varphi_{x\,\text{res}} = \varphi'_x + \varphi''_x + \cdots, \quad \varphi_{y\,\text{res}} = \varphi'_y + \varphi''_y + \cdots,$$
$$\varphi_{z\,\text{res}} = \varphi'_z + \varphi''_z + \cdots. \tag{8}$$

Kurz wird dafür geschrieben:

$$\overline{\varphi}_{\text{res}} = \overline{\varphi}' + \overline{\varphi}'' + \cdots. \tag{9a}$$

Führt eine Stelle der Konstruktion nacheinander mehrere Wege aus, so gilt Entsprechendes für den daraus „resultierenden" Weg:

$$\mathfrak{w}_{\text{res}} = \mathfrak{w}' + \mathfrak{w}'' + \cdots. \tag{9b}$$

4. Zusammenhang von Wegen und Drehungen

a) Wird die vom Erdboden abgetrennte (in sich starre) Konstruktion um einen Punkt μ gedreht ($\overline{\varphi}$), so führt irgendeine andere Stelle a einen durch $\overline{\varphi}$ bestimmten Weg $\mathfrak{w}_a$ aus (s. Bild 2). Um diesen durch $\overline{\varphi}$ auszudrücken, wird der Abstand des Punktes μ von a als eine von a nach μ hin gerichtete

[1]) Siehe die Fußnote auf Seite 7.

Strecke $\mathfrak{r}_{a\mu}$ aufgefaßt, also (lt. Bild 2) als ein Vektor mit den Komponenten

$$r_{x(a\mu)} = x_\mu - x_a, \quad r_{y(a\mu)} = y_\mu - y_a, \quad r_{z(a\mu)} = z_\mu - z_a,$$

wobei x_μ, y_μ, z_μ und x_a, y_a, z_a die Koordinaten von μ und a bedeuten.

Dann gilt für die Komponenten von $\mathfrak{w}_a$ bezüglich x, y, z[1]).

$$\begin{aligned} w_{x(a)} &= r_{y(a\mu)}\,\varphi_z - r_{z(a\mu)}\,\varphi_y, \\ w_{y(a)} &= r_{z(a\mu)}\,\varphi_x - r_{x(a\mu)}\,\varphi_z, \\ w_{z(a)} &= r_{x(a\mu)}\,\varphi_y - r_{y(a\mu)}\,\varphi_x. \end{aligned} \tag{10}$$

Kurz wird dafür geschrieben:

$$\mathfrak{w}_a = [\mathfrak{r}_{a\mu}\overline{\varphi}]\ (= -[\overline{\varphi}\mathfrak{r}_{a\mu}]), \tag{11}$$

sog. „äußeres oder Vektor-Produkt" der Vektoren $\mathfrak{r}_{a\mu}$ und $\overline{\varphi}$. (Sind beide Pfeile, die zwei Vektoren $\mathfrak{a}$ und $\mathfrak{b}$ darstellen, einander parallel, so gilt $[\mathfrak{a}\mathfrak{b}] = 0$, stehen sie zueinander senkrecht, so gilt $|\,[\mathfrak{a}\mathfrak{b}]\,| = |\,ab\,|$.)

Die durch den Drehpunkt μ gehende Parallele zu dem die Drehung $\overline{\varphi}$ darstellenden Pfeil wird als Drehachse bezeichnet.

b) Führt die Konstruktion eine Drehung $\overline{\varphi}$ aus und beschreibt ihr Punkt o einen Weg $\mathfrak{w}_o$, so gilt (s. Gleichung 11 und Bild 7):

$$\mathfrak{w}_a = \mathfrak{w}_o + [\mathfrak{r}_{ao}\overline{\varphi}]. \tag{12}$$

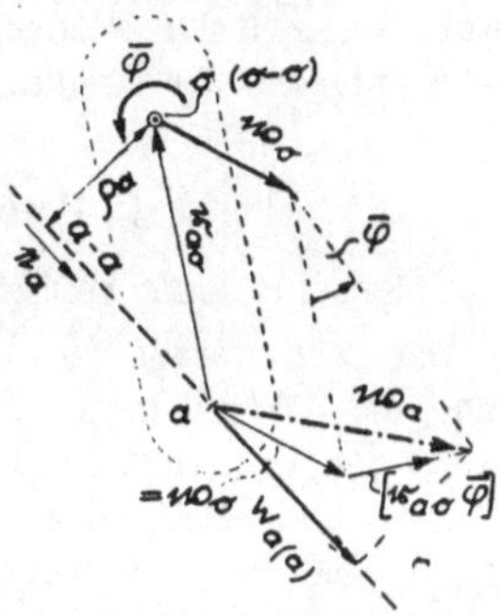

Bild 7
Zusammenhang zwischen Weg und Drehung (Achse $o-o$ senkrecht zur Bildebene)

Für die Komponente von $\overline{\varphi}$ bezüglich einer Geraden $d-d$ mit dem Einheitsvektor $\mathfrak{e}_d$ gilt wieder (s. die Gleichungen 7 und 6a):

$$\varphi_d = \overline{\varphi}\mathfrak{e}_d = \varphi_x e_{x(d)} + \varphi_y e_{y(d)} + \varphi_z e_{z(d)}. \tag{13}$$

[1]) Siehe die Fußnote auf Seite 7.

Für die Komponente von $\mathfrak{w}$ bezüglich einer durch die Stelle a gehenden Geraden $a-a$ mit dem Einheitsvektor $\mathfrak{e}_a$ gilt (s. die Gleichungen 13, 7, 6b, 10):

$$\begin{aligned} w_{a(a)} = {} & w_{x(o)}\, e_{x(a)} + w_{y(o)}\, e_{y(a)} + w_{z(o)} e_{z(a)} \\ & + \varphi_x \left(r_{z(ao)} e_{y(a)} - r_{y(ao)} e_{z(a)}\right) \\ & + \varphi_y \left(r_{x(ao)} e_{z(a)} - r_{z(ao)}\, e_{x(a)}\right) \\ & + \varphi_z \left(r_{y(ao)} e_{x(a)} - r_{x(ao)} e_{y(a)}\right). \end{aligned} \tag{14}$$

Im folgenden bedeute $o-o$ eine Gerade durch den Punkt o, parallel dem die Drehung $\overline{\varphi}$ darstellenden Pfeil (also parallel der Drehachse). — Steht $a-a$ senkrecht zu $o-o$ und bedeutet ϱ den kürzesten Abstand zwischen $a-a$ und $o-o$ (s. Bild 7), so gilt:

$$w_{a(a)} = w_{x(o)} e_{x(a)} + w_{y(o)} e_{y(a)} + w_{z(o)} e_{z(a)} \pm |\,\overline{\varphi}\,|\, \varrho, \tag{15}$$

wobei das Zeichen + oder — gilt, je nachdem $\mathfrak{e}_a$ gleichsinnig oder entgegen der Drehung $\overline{\varphi}$ um $o-o$ dreht.

C. Fesselbedingungen

Umgekehrt kann gefragt werden:

Wie groß werden die 3 Drehungskomponenten $\varphi_x, \varphi_y, \varphi_z$ und die 3 Wegkomponenten $w_{x(o)}, w_{y(o)}, w_{z(o)}$ einer Stelle o, wenn der Konstruktion (an irgendwelchen Stellen) 6 beliebige Verschiebungskomponenten e i n g e p r ä g t werden? — Beispielsweise seien der Konstruktion eingeprägt:

3 Drehungskomponenten $\varphi_d = \varphi_{\mathrm{I}}, \varphi_{\mathrm{II}}, \varphi_{\mathrm{III}}$ bezüglich dreier Geraden $d-d =$ I—I, II—II, III—III mit den Einheitsvektoren $\mathfrak{e}_d = \mathfrak{e}_{\mathrm{I}}, \mathfrak{e}_{\mathrm{II}}, \mathfrak{e}_{\mathrm{III}}$ sowie

3 Wegkomponenten $w_{a(a)} = w_{1(1)}, w_{2(2)}, w_{3(3)}$ bezüglich dreier Geraden $a-a = 1-1,\ 2-2,\ 3-3$ mit den Einheitsvektoren $\mathfrak{e}_a = \mathfrak{e}_1, \mathfrak{e}_2, \mathfrak{e}_3$.

(Die 3 Stellen $a = 1, 2, 3$ – oder 2 von ihnen – dürfen auch zusammenfallen.)

Dann ergeben sich 6 Gleichungen, in denen die 6 gesuchten Größen $\varphi_x, \varphi_y, \varphi_z, w_{x(o)}, w_{y(o)}, w_{z(o)}$ als Unbekannte enthalten sind, aus den Gleichungen 13 und 14, nämlich

3 Gleichungen aus Gleichung 13, indem darin statt des Zeigers d der Zeiger I, II bzw. III eingetragen wird: Gleichungen „I“, „II“, „III“ in Tafel 1,

*)	φ_x	φ_y	φ_z	w_x	w_y	w_z		
Gl. „I“	$e_{x(I)}$	$e_{y(I)}$	$e_{z(I)}$	0	0	0	$-\varphi_I$	$= 0$
Gl. „II“	$e_{x(II)}$	$e_{y(II)}$	$e_{z(II)}$	0	0	0	$-\varphi_{II}$	$= 0$
Gl. „III“	$e_{x(III)}$	$e_{y(III)}$	$e_{z(III)}$	0	0	0	$-\varphi_{III}$	$= 0$
Gl. „1“	$y_1 \cdot e_{z(1)} - z_1 \cdot e_{y(1)}$	$z_1 \cdot e_{x(1)} - x_1 \cdot e_{z(1)}$	$x_1 \cdot e_{y(1)} - y_1 \cdot e_{x(1)}$	$e_{x(1)}$	$e_{y(1)}$	$e_{z(1)}$	$-w_{1(1)}$	$= 0$
Gl. „2“	$y_2 \cdot e_{z(2)} - z_2 \cdot e_{y(2)}$	$z_2 \cdot e_{x(2)} - x_2 \cdot e_{z(2)}$	$x_2 \cdot e_{y(2)} - y_2 \cdot e_{x(2)}$	$e_{x(2)}$	$e_{y(2)}$	$e_{z(2)}$	$-w_{2(2)}$	$= 0$
Gl. „3“	$y_3 \cdot e_{z(3)} - z_3 \cdot e_{y(3)}$	$z_3 \cdot e_{x(3)} - x_3 \cdot e_{z(3)}$	$x_3 \cdot e_{y(3)} - y_3 \cdot e_{x(3)}$	$e_{x(3)}$	$e_{y(3)}$	$e_{z(3)}$	$-w_{3(3)}$	$= 0$

An die Stelle je einer der Gleichungen „I“, „II“, „III“ kann eine der folgenden Gleichungen „4“, „5“, „6“ treten.

Gl. „4“	$y_4 \cdot e_{z(4)} - z_4 \cdot e_{y(4)}$	$z_4 \cdot e_{x(4)} - x_4 \cdot e_{z(4)}$	$x_4 \cdot e_{y(4)} - y_4 \cdot e_{x(4)}$	$e_{x(4)}$	$e_{y(4)}$	$e_{z(4)}$	$-w_{4(4)}$	$= 0$
Gl. „5“	$y_5 \cdot e_{z(5)} - z_5 \cdot e_{y(5)}$	$z_5 \cdot e_{x(5)} - x_5 \cdot e_{z(5)}$	$x_5 \cdot e_{y(5)} - y_5 \cdot e_{x(5)}$	$e_{x(5)}$	$e_{y(5)}$	$e_{z(5)}$	$-w_{5(5)}$	$= 0$
Gl. „6“	$y_6 \cdot e_{z(6)} - z_6 \cdot e_{y(6)}$	$z_6 \cdot e_{x(6)} - x_6 \cdot e_{z(6)}$	$x_6 \cdot e_{y(6)} - y_6 \cdot e_{x(6)}$	$e_{x(6)}$	$e_{y(6)}$	$e_{z(6)}$	$-w_{6(6)}$	$= 0$

*): Z. B. die Gleichung „I“ ist so zu lesen:

$$\varphi_x \cdot e_{x(I)} + \varphi_y \cdot e_{y(I)} + \varphi_z \cdot e_{z(I)} + w_x \cdot 0 + w_y \cdot 0 + w_z \cdot 0 = 0$$

Tafel 1. Verschiebungsgleichungen (Gleichungen 13 und 14); Koordinatenursprung mit der ursprünglichen Lage von o zusammenfallend gewählt ($x_o = y_o = z_o = 0$)

3 weitere Gleichungen aus Gleichung 14, indem darin statt des Zeigers a der Zeiger 1, 2 bzw. 3 eingetragen wird: Gleichungen „1", „2", „3" in Tafel 1[1]).

An Stelle von 3 Drehungs- und 3 Wegkomponenten können der Konstruktion auch

nur 2, 1 oder 0 Drehungskomponenten $\varphi_{\mathrm{I}}, \ldots$ und – an geeigneten Stellen –

4, 5 bzw. 6 Wegkomponenten $w_{1(1)}, \ldots w_{4(4)}, \ldots$ eingeprägt werden.

Zur Berechnung der 6 gesuchten Drehungs- und Wegkomponenten φ_x, φ_y, φ_z, $w_{x(o)}$, $w_{y(o)}$, $w_{z(o)}$ ergeben sich dann aus den Gleichungen 13 und 14:

nur 2, 1 oder 0 Gleichungen der ersten Art: Gleichungen „I", ... in Tafel 1,

dagegen 4, 5 oder 6 Gleichungen der zweiten Art: Gleichungen „1", ... „4", ... in Tafel 1.

Die jeweils geltenden 6 Gleichungen sind nach φ_x, φ_y, φ_z und $w_{x(o)}$, $w_{y(o)}$, $w_{z(o)}$ auflösbar, wenn ihre Nennerdeterminante Δ ungleich Null ist. In dieser treten die Komponenten der Einheitsvektoren $\mathfrak{e}_d$ und $\mathfrak{e}_a$, desgl. (über $\mathfrak{r}$ eingehend) die Koordinaten der Punkte $a = 1, 2, \ldots$ sowie des Punktes o als Parameter auf.

Die Komponenten φ_x, φ_y, φ_z und $w_{x(o)}$, $w_{y(o)}$, $w_{z(o)}$ des beliebig gewählten Punktes o, d. h. jedes Punktes der (in sich starr gedachten) Konstruktion, ergeben sich zu Null, wenn die 6 (an geeigneten Stellen) eingeprägten Verschiebungskomponenten $\varphi_{\mathrm{I}}, \ldots w_{1(1)}, \ldots$ gleich Null gesetzt werden (vorausgesetzt, daß die 6 geltenden Gleichungen eindeutig auflösbar sind, daß also $\Delta \gtrless 0$ ist). Die eingangs unterstellte Unverschieblichkeit einer Baukonstruktion ($\overline{\varphi} = 0$, $\mathfrak{w}_o = 0$)

[1]) Der (feste) Koordinatenursprung ist dort mit der ursprünglichen Lage von o zusammenfallend eingeführt ($x_o = y_o = z_o = 0$).

wird somit erreicht, wenn durch konstruktive Maßnahmen (Fesselung) für folgendes gesorgt wird—„Fesselbedingungen“:

6 Verschiebungskomponenten $\varphi_{\mathrm{I}}, \ldots w_{1(1)}, \ldots$, unter denen bis zu 3 Drehungskomponenten $\varphi_{\mathrm{I}}, \ldots$ enthalten sein können, müssen gleich Null sein. Die ihnen zugehörigen Einheitsvektoren $\mathfrak{e}_{\mathrm{I}}, \ldots \mathfrak{e}_1, \ldots$ sowie die Stellen $1, \ldots$ müssen so gewählt sein, daß die Nennerdeterminante der entsprechenden 6 Gleichungen ungleich Null ist.

D. Erfüllung der Fesselbedingungen

1. Fesseln und Lagerelemente

Daß irgendeine Drehungskomponente, z. B. φ_d, gleich Null ist, kann mittels einer „Drehfessel“, parallel $d-d$, erzielt werden, wie sie in Bild 8 veranschaulicht wird: Hülse, parallel $d-d$, mit einem in ihr gleitenden Stab, der sich nicht gegen die Hülse drehen kann, mit Kreuzgelenken einerseits am Erdboden, andererseits an der Baukonstruktion angeschlossen.

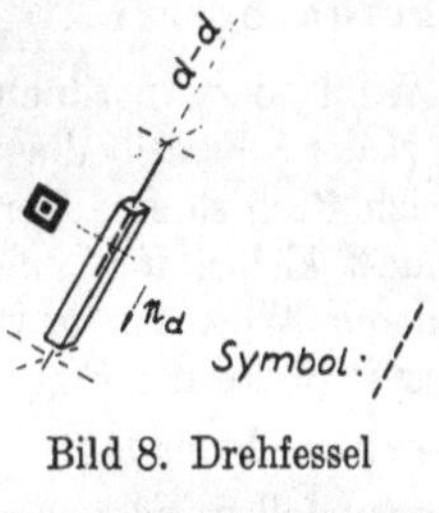

Bild 8. Drehfessel

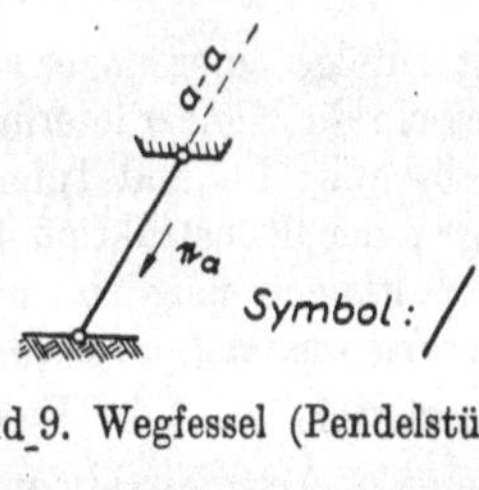

Bild 9. Wegfessel (Pendelstütze)

Daß irgendeine Wegkomponente, z. B. $w_{a(a)}$, gleich Null ist, kann mittels einer „Wegfessel“ oder „Pendelstütze“, parallel $a-a$, erzielt werden, wie sie in Bild 9 veranschaulicht wird: Stab, parallel $a-a$, mit Kugelgelenken einerseits am Erdboden, andererseits am Punkt a der Baukonstruktion angeschlossen.

Die Gerade, die durch beide Endpunkte einer Drehfessel oder einer Wegfessel hindurchgeht, wird im folgenden als „Fessellinie" bezeichnet; ihr sei ein Einheitsvektor zugeteilt:

$\mathfrak{e}_d$ mit den Komponenten $e_{x(d)}, e_{y(d)}, e_{z(d)}$ bzw.

$\mathfrak{e}_a$ mit den Komponenten $e_{x(a)}, e_{y(a)}, e_{z(a)}$.

Die gebräuchlichen Lagerelemente, z. B. Rollenlager, Anschlußgelenke, Einspannungen usw., werden, wie Bild 10 zeigt, als Kombinationen von Fesseln der vorgenannten Art aufgefaßt.

Entspricht die mit solchen Elementen oder mit Pendelstützen usw. (s. oben) herbeigeführte Fesselung einer Baukonstruktion den voranstehenden Bedingungen für die Unverschieblichkeit (6 Fesseln; $\Delta \gtrless 0$), so wird sie als „stabile Fesselung (oder Lagerung) mit 6 Fesseln" bezeichnet (s. z. B. die Bilder 17, 23, 29, 39).

2. Unzulässige Anordnungen

Ist zufolge einer ungeeigneten Wahl oder Anordnung der 6 Fesseln die Nennerdeterminante Δ der 6 Fesselbedingungen (s. Abschnitt I C und Tafel 1) gleich Null, so sind Verschiebungen der Konstruktion (zumindest kleine, im Sinne von Differentialen) möglich, mit anderen Worten: so ist die Lagerung unstabil. Solches ist beispielsweise der Fall,

wenn mehr als 3 der Fesseln Drehfesseln sind,

wenn 2 Drehfessellinien zusammenfallen oder einander parallel sind,

wenn 3 Drehfessellinien zu einer Ebene parallel sind,

wenn 2 Wegfessellinien zusammenfallen,

wenn mehr als 3 Wegfessellinien durch einen Punkt gehen oder zueinander parallel sind, wenn mehr als 3 Wegfessellinien in einer Ebene liegen,

wenn 6 Wegfessellinien eine Gerade schneiden oder zu einer Ebene parallel sind,

ferner,

wenn eine Drehfesssel zu 2 zueinander parallelen Wegfesseln senkrecht steht,

wenn eine Drehfessel zu 3 in einer Ebene liegenden Wegfesseln senkrecht steht,

wenn 3 in einer Ebene liegende Wegfessellinien sich in einem Punkt schneiden oder zueinander parallel sind.

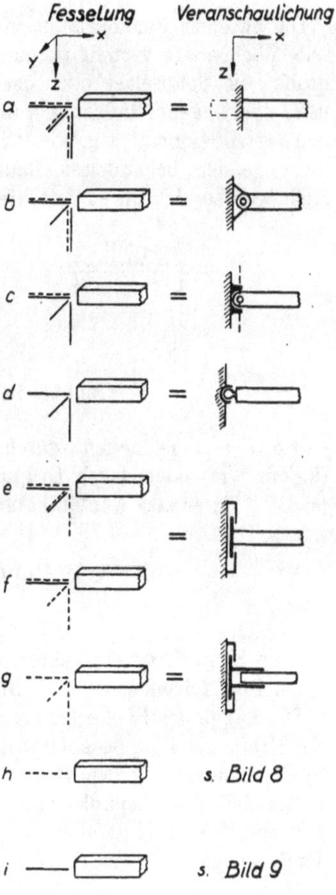

Bild 10
Lager- und Verbindungselemente

a) dreh- und wegfeste Einspannung, *b*) Zylindergelenk, *c*) Kreuzgelenk, *d*) Kugelgelenk, *e*) Linienführung (evtl. mit Rollen zwischen den Gleitflächen), *f*) Flächenführung (evtl. mit Kugeln zwischen den Gleitflächen), *g*) drehfeste Wegverschieblichkeit, *h*) Drehfessel, *i*) Wegfessel = Pendelstütze

II. Gleichgewicht

A. Vorbemerkung

Die an einer Baukonstruktion angreifenden Kräfte wirken teils flächenhaft verteilt (kg/cm², t/m²) — z. B. der Winddruck, die Schneelast oder der durch Schienen, Schwellen usw. übertragene Raddruck von Fahrzeugen —, teils räumlich verteilt (kg/cm³, t/m³) — z. B. das Eigengewicht. Bei den im folgenden behandelten Baukonstruktionen kann unterstellt werden, daß die so verteilten Kräfte, ohne daß nennens-

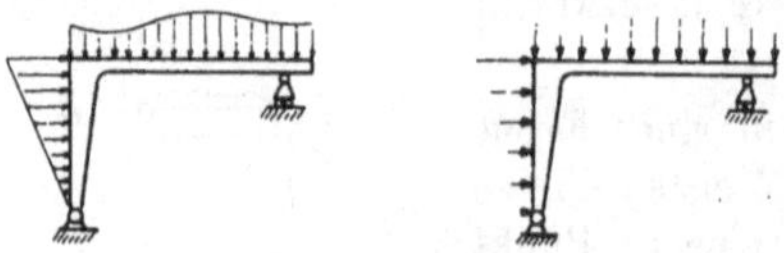

Bild 11. Belastung

werte Fehler entstehen, durch linienhaft verteilte Kräfte (kg/cm, t/m) oder durch Gruppen von einzelnen Kräften (s. Bild 11) ersetzt werden können.

B. Kräfte und Momente

1. Darstellung

Eine Kraft $\mathfrak{P}$ ist ein Vektor, für dessen Darstellung durch einen Pfeil folgendes gelte (s. Bild 12):

Die Länge des Pfeiles kennzeichne den Absolutbetrag $|\mathfrak{P}|$ der Kraft; der Pfeil liege parallel der Kraftrichtung; die Pfeil-Spitze kennzeichne den Richtungs-Sinn der Kraft. — Die durch den Angriffspunkt einer Kraft an der Konstruktion gehende, der Kraft parallele Gerade wird „Wirkungslinie“ der Kraft genannt.

Zwei einander parallele Kräfte mit gleichem Absolutbetrag, jedoch entgegengesetztem Richtungs-Sinn

$$\mathfrak{P}, \quad \mathfrak{P}^* = -\mathfrak{P},$$

(s. Bild 13) werden als ein Kräftepaar bezeichnet. Die für das Folgende wesentlichen Eigenschaften eines Kräftepaares werden durch sein „Moment“ $\mathfrak{M}$ beschrieben; das ist ein Vektor, für dessen Darstellung durch einen Pfeil folgendes gelte:

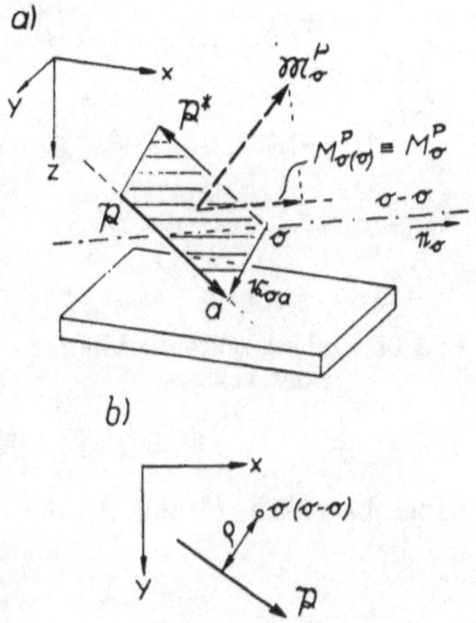

Bild 12. Kraft

Die Länge des Pfeiles kennzeichne den Absolutbetrag $|\mathfrak{M}| = |\mathfrak{P}|\,\varrho$, wobei ϱ den kürzesten Abstand zwischen den Wirkungslinien der beiden Kräfte bedeutet; der Pfeil stehe senkrecht zur Ebene des Kräftepaares; die Pfeil-Spitze kennzeichne den Richtungs-Sinn, in dem – entlang dem Pfeil – zu blicken ist, damit das Kräftepaar im Uhrzeigersinn drehend erscheint. – Der Anschaulichkeit wegen wird ein Moment oft auch durch einen krummen Pfeil (s. Bild 13) oder durch ein Paar von zwei entgegengesetzt gleichen Kräften (also als „Kräftepaar“) angedeutet.

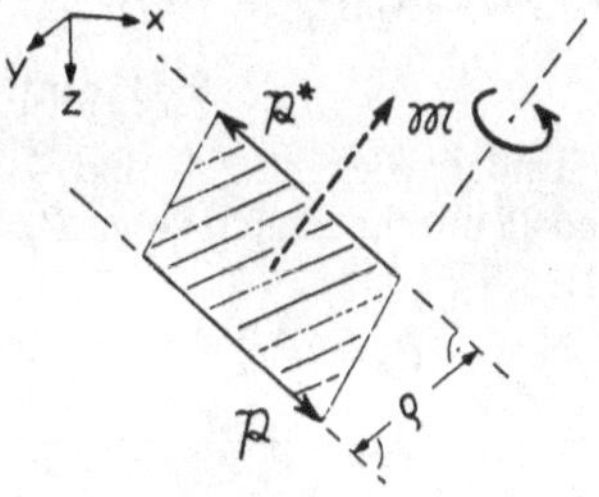

Bild 13. Kräftepaar

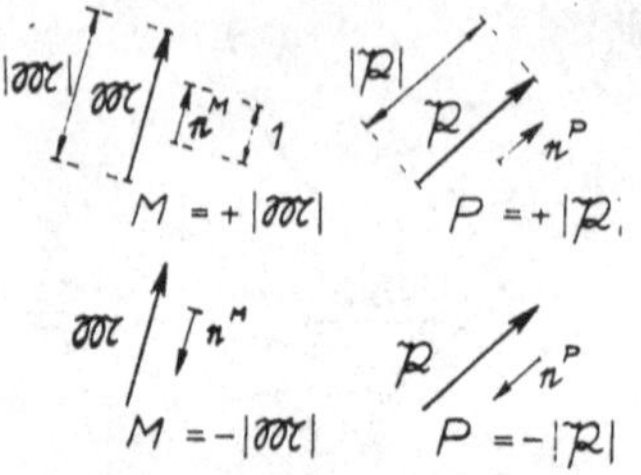

Bild 14. Einheitsvektor und Betrag eines Vektors

Der Absolutbetrag $|\mathfrak{M}|$ eines Kräftepaares ist (sofern $|\mathfrak{P}| > 0$) dann und nur dann gleich Null, wenn $\mathfrak{P}$ und $\mathfrak{P}^*$ die gleiche Wirkungslinie besitzen.

Bedarfsweise wird unter Verwendung von Einheitsvektoren e geschrieben (vgl. Gleichung 1 und Bild 14):

$$\mathfrak{P} = P\mathfrak{e}^P, \quad \mathfrak{M} = M\mathfrak{e}^M; \tag{18}$$

dabei bedeuten P und M die „Beträge“ von $\mathfrak{P}$ und $\mathfrak{M}$, nämlich:

$$P = \pm |\mathfrak{P}|, \quad M = \pm |\mathfrak{M}|, \tag{19}$$

wobei das Zeichen + oder − gilt, je nachdem der Richtungs-Sinn von $\mathfrak{P}$ bzw. von $\mathfrak{M}$ gleich oder entgegengesetzt dem von $\mathfrak{e}^P$ bzw. $\mathfrak{e}^M$ ist.

2. Komponenten

Analog Gleichung 3 und 4 gilt zur Beschreibung von $\mathfrak{P}$ und $\mathfrak{M}$ durch Komponenten $P_x, P_y, P_z, M_x, M_y, M_z$ (s. Bild 15, 14):

$$\begin{aligned} P_x &= P e_x^P, \quad P_y = P e_y^P, \quad P_z = P e_z^P, \\ M_x &= M e_x^M, \quad M_y = M e_y^M, \quad M_z = M e_z^M, \end{aligned} \tag{20}$$

ferner:

$$\begin{aligned} |\mathfrak{P}| &= |\sqrt{P_x^2 + P_y^2 + P_z^2}| = |P|, \\ |\mathfrak{M}| &= |\sqrt{M_x^2 + M_y^2 + M_z^2}| = |M|. \end{aligned} \tag{21}$$

Für die Komponente von $\mathfrak{P}$ bzw. $\mathfrak{M}$ bezüglich einer Geraden $a-a$ oder $d-d$ mit dem Einheitsvektor $\mathfrak{e}_a$ bzw. $\mathfrak{e}_d$ gilt analog Gleichung 5, 7, 6 (vgl. Bild 5):

$$P_a = |\mathfrak{P}| \cos\omega_a, \quad M_d = |\mathfrak{M}| \cos\omega_d; \tag{22}$$

$$\begin{aligned} P_a &= \mathfrak{P}\mathfrak{e}_a = P_x e_{x(a)} + P_y e_{y(a)} + P_z e_{z(a)}, \\ M_d &= \mathfrak{M}\mathfrak{e}_d = M_x e_{x(d)} + M_y e_{y(d)} + M_z e_{z(d)} \end{aligned} \tag{23}$$

oder mit $\mathfrak{P} = P\mathfrak{e}^P$, $\mathfrak{M} = M\mathfrak{e}^M$:

$$\begin{aligned} P_a &= P\mathfrak{e}^P\,\mathfrak{e}_a = P(e_x^P\, e_{x(a)} + e_y^P\, e_{y(a)} + e_z^P\, e_{z(a)}), \\ M_d &= M\mathfrak{e}^M\,\mathfrak{e}_d = M(e_x^M\, e_{x(d)} + e_y^M\, e_{y(d)} + e_z^M\, e_{z(d)}). \end{aligned} \tag{24}$$

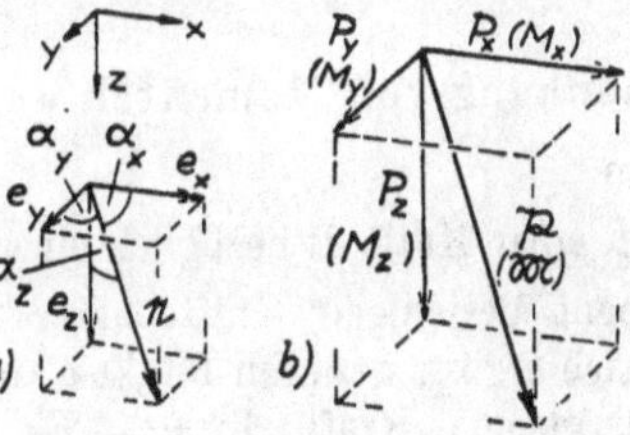

Bild 15. Komponenten bezüglich der Koordinatenachsen

Ist z. B. $\mathfrak{P}$ parallel $\mathfrak{e}_a$ (d. h.: $\omega_a = 0$ oder $= 180^0$), so gilt

$$P_a = \pm|\mathfrak{P}| = \pm|P|, \tag{25}$$

je nachdem der Richtungssinn von $\mathfrak{P}$ gleich oder entgegengesetzt dem von $\mathfrak{e}_a$ ist.

3. Vektorielle Addition

Wirken an einer Stelle a gleichzeitig mehrere Kräfte $\mathfrak{P}', \mathfrak{P}'', \ldots$ (s. Bild 16), so werden diese bedarfsweise zu einer „resultierenden" Kraft

$$\mathfrak{P}_{\text{res}} = \mathfrak{P}' + \mathfrak{P}'' + \cdots \tag{26a}$$

zusammengefaßt, deren Wirkungslinie durch a geht (geometrische Addition analog Gleichung 9 und 8).

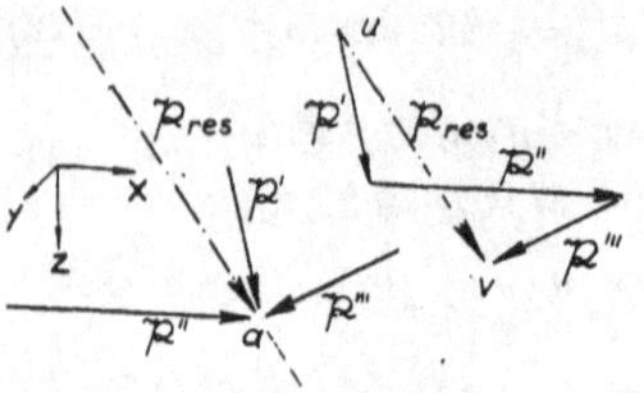

Bild 16. Geometrische Addition

Wirken irgendwo an der Konstruktion gleichzeitig mehrere Momente $\mathfrak{M}'$, $\mathfrak{M}''$, ..., so werden diese bedarfsweise zu einem resultierenden Moment

$$\mathfrak{M}_{res} = \mathfrak{M}' + \mathfrak{M}'' + \cdots \quad (26b)$$

zusammengefaßt (s. auch die Erweiterung dieser Begriffe in Abschnitt II E).

4. Zusammenhang von Momenten und Kräften

a) Unter dem

„Moment $\mathfrak{M}_o^P$ einer Kraft $\mathfrak{P}$ bezüglich eines Punktes o"

wird das Moment desjenigen Kräftepaares verstanden (s. Bild 12a), das sich ergibt, wenn im Punkt o eine der Kraft $\mathfrak{P}$ entgegengesetzt gleiche Kraft $\mathfrak{P}^* = -\mathfrak{P}$ wirkend angenommen wird.

Um $\mathfrak{M}_o^P$ durch $\mathfrak{P}$ auszudrücken, wird der Abstand des Punktes o vom Angriffspunkt a der Kraft $\mathfrak{P}$ als eine von o nach a hin gerichtete Strecke $\mathfrak{r}_{oa}$ aufgefaßt, also lt. Bild 12a als ein Vektor mit den Komponenten

$$r_{x(oa)} = x_a - x_o, \quad r_{y(oa)} = y_a - y_o, \quad r_{z(oa)} = z_a - z_o$$

(x_o, y_o, z_o; x_a, y_a, z_a = Koordinaten von o und a).

Dann gilt (vgl. Gleichung 11)[1]):

$$\mathfrak{M}_o^P = [\mathfrak{r}_{oa}\mathfrak{P}] \quad (27)$$

mit folgenden Komponenten bezüglich x, y, z (vgl. Gleichung 10):

$$\begin{aligned} M_{x(o)}^P &= r_{y(oa)} P_z - r_{z(oa)} P_y, \\ M_{y(o)}^P &= r_{z(oa)} P_x - r_{x(oa)} P_z, \\ M_{z(o)}^P &= r_{x(oa)} P_y - r_{y(oa)} P_x \end{aligned} \quad (28)$$

[1]) Siehe W. Müller, Dynamik I; Sammlung Göschen, Bd. 902.

oder mit $\mathfrak{P} = P\mathfrak{e}$:

$$\mathfrak{M}_o^P = P[\mathfrak{r}_{oa}\mathfrak{e}]; \tag{29}$$

$$\begin{aligned} M_{x(o)}^P &= P(r_{y(oa)}e_z - r_{z(oa)}e_y), \\ M_{y(o)}^P &= P(r_{z(oa)}e_x - r_{x(oa)}e_z), \\ M_{z(o)}^P &= P(r_{x(oa)}e_y - r_{y(oa)}e_x). \end{aligned} \tag{30}$$

Diese Ausdrücke bleiben auch gültig, wenn an Stelle des Kraft-Angriffspunktes a ein beliebiger Punkt auf der Wirkungslinie von $\mathfrak{P}$ gewählt wird.

$\mathfrak{M}_o^P$ ist (sofern $P \gtrless 0$) dann und nur dann gleich Null, wenn die Wirkungslinie von $\mathfrak{P}$ durch den Punkt o geht.

b) Für die Komponente von $\mathfrak{M}_o^P$ bezüglich einer durch den Punkt o gehenden Geraden $o-o$ mit dem Einheitsvektor $\mathfrak{e}_0$ (s. Bild 12a) gilt lt. Gleichung 23:

$$\begin{aligned} M_{o(o)}^P &= \mathfrak{M}_o^P \mathfrak{e}_o \; (= [\mathfrak{r}_{oa}\mathfrak{P}]\,\mathfrak{e}_o) \\ &= M_{x(o)}^P e_{x(o)} + M_{y(o)}^P e_{y(o)} + M_{z(o)}^P e_{z(o)} \end{aligned} \tag{31}$$

mit $M_{x(o)}^P$, $M_{y(o)}^P$, $M_{z(o)}^P$ nach Gleichung 28
oder mit $\mathfrak{P} = P\mathfrak{e}$ (s. Gleichung 29, 30):

$$\begin{aligned} M_{o(o)}^P &= P[\mathfrak{r}_{oa}\mathfrak{e}]\,\mathfrak{e}_o \\ &= P\{(r_{y(oa)}e_z - r_{z(oa)}e_y)\, e_{x(o)} \\ &\quad + (r_{z(oa)}e_x - r_{x(oa)}e_z)\, e_{y(o)} \\ &\quad + (r_{x(oa)}e_y - r_{y(oa)}e_x)\, e_{z(o)}\}. \end{aligned} \tag{32}$$

Diese Ausdrücke bleiben auch gültig, wenn an Stelle von o ein beliebiger anderer Punkt auf $o-o$ gewählt wird; deshalb wird $M_{o(o)}^P$ als das

„Moment der Kraft $\mathfrak{P}$ bezüglich der Geraden (Achse) $o-o$“ bezeichnet, und statt $M_{o(o)}^P$ wird kürzer geschrieben: M_o^P. M_o^P ist (bei $P \gtrless 0$) dann und nur dann gleich Null, wenn die

Wirkungslinie von $\mathfrak{P}$ die Achse $o-o$ schneidet oder ihr parallel ist.

Steht die Gerade $o-o$ senkrecht zur Wirkungslinie von $\mathfrak{P}$ (s. Bild 12b) und bedeutet ϱ den kürzesten Abstand zwischen diesen beiden Geraden, so gilt:

$$M_o^P (= P[\mathfrak{r}_{oa}\mathfrak{e}]\,\mathfrak{e}_o) = \pm\,|\,\mathfrak{P}\,|\,\varrho = \pm\,|\,P\,|\,\varrho, \qquad (33)$$

wobei das Zeichen $+$ oder $-$ gilt, je nachdem $\mathfrak{P}$, im Richtungssinn von $\mathfrak{e}_o$ betrachtet, im oder entgegen dem Uhrzeigersinn um $o-o$ drehend erscheint. ϱ wird als „Hebelarm von $\mathfrak{P}$ bezüglich der Achse $o-o$“ bezeichnet.

Liegt die Wirkungslinie von $\mathfrak{P}$ z. B. in der Koordinatenebene zx und ist $\mathfrak{e}_o$ parallel und gleichsinnig der Koordinatenachse y (s. Bild 12b), so gilt das Zeichen $+$ oder $-$, je nachdem $\mathfrak{P}$ im oder entgegen dem positiven Koordinaten-Drehsinn zx um $o-o$ dreht.

Ist in einer bildlichen Darstellung $\mathfrak{P}$ mit positivem Betrag P eingetragen, wie es zur Herleitung von allgemein gültigen Beziehungen stets notwendig ist, so kann einfacher geschrieben werden:

$$M^P = \pm\,P\varrho. \qquad (34)$$

C. Eingeprägte Lasten und Fessellasten

1. Eingeprägte Lasten

Eine mit 6 Fesseln angeschlossene (in sich starre) Konstruktion (s. z. B. Bild 18, 23, 29, 39) sei mit Kräften $\mathfrak{P}_\varkappa$ belastet, evtl. auch mit Kräftepaaren, von denen nur die Momente $\mathfrak{M}_\varkappa$ gegeben seien: „eingeprägte“ Kräfte, „eingeprägte“ Momente, — im folgenden zusammenfassend als eingeprägte Lasten bezeichnet[1]).

[1]) Mit dieser zusammenfassenden Verwendung der Wortes „Last“ für Kräfte und für Momente (von Kräftepaaren) wird zwecks kurzer Ausdrucksweise vom üblichen Sprachgebrauch abgewichen.

2. Fessellasten

Über die Fesseln wirken bei einem solchen Belastungszustand – vom Erdboden her – auf die Konstruktion i. a. noch folgende Kräfte und Momente (s. Bild 17):

an den Anschlußstellen a der Wegfesseln die sog. „Reaktionskräfte" mit den Wegfessellinien als Wirkungslinien,

an den Anschlußstellen d der Drehfesseln die sog. „Reaktionsmomente", aufzufassen als Momente von Kräftepaaren in Ebenen senkrecht zu den einzelnen Drehfessellinien.

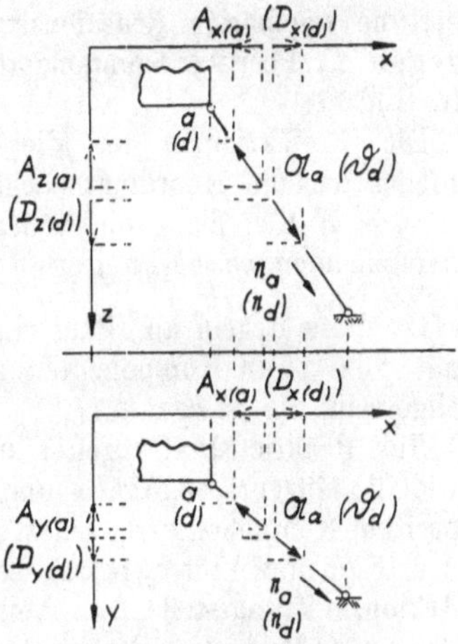

Bild 17. Fessellasten

Umgekehrt wirken – von der Konstruktion her – auf den Erdboden:

über die Wegfesseln die den Reaktionskräften entgegengesetzt gleichen „Aktionskräfte",

über die Drehfesseln die den Reaktionsmomenten entgegengesetzt gleichen „Aktionsmomente".

Um die Aktions- und Reaktionskräfte einer Wegfessel a zu veranschaulichen, wird die Wegfessel lt. Bild 17 zerschnitten dargestellt, und an den Schnittufern werden entgegengesetzt gleiche Pfeile eingetragen:

am bodenseitigen Schnittufer (Aktionskraft) im Sinne des Einheitsvektors $\mathfrak{e}_a$ der Wegfessellinie weisend, am konstruktionsseitigen Schnittufer (Reaktionskraft) entgegengesetzt weisend.

Statt von der „Aktions- und Reaktionskraft" der Wegfessel a wird im folgenden kurz von ihrer „Fesselkraft" $\mathfrak{A}_a$ gesprochen.

Positiver Betrag A_a von $\mathfrak{A}_a$ besagt dann lt. Bild 17: Der die Aktionskraft darstellende Pfeil weist im Sinne von $\mathfrak{e}_a$, der die zugehörige Reaktionskraft darstellende weist entgegen $\mathfrak{e}_a$. Positive Komponenten $A_{x(a)}, A_{y(a)}, A_{z(a)}$ besagen lt. Bild 17:

Die Projektionen des die Aktionskraft darstellenden Pfeiles auf die Koordinatenachsen x, y, z weisen im Sinne $+x$, $+y$, $+z$; die Projektionen des die Reaktionskraft darstellenden weisen entgegen $+x$, $+y$, $+z$.

Da diese Regeln an Hand eines Fessel-Einheitsvektors $\mathfrak{e}_a$ mit positiven Komponenten abgelesen wurden, gelten sie allgemein. Sie besagen:

Für Reaktionskräfte gelten umgekehrte Vorzeichenregeln wie für eingeprägte Kräfte und für Aktionskräfte. – Eine positive Komponente $A_{g(a)}$ bezüglich einer Geraden $g-g$ mit dem Einheitsvektor $\mathfrak{e}_g$ besagt somit: Die Projektion des die Aktionskraft darstellenden Pfeiles auf $g-g$ weist im Sinne von $\mathfrak{e}_g$; die Projektion des die Reaktionskraft darstellenden Pfeiles weist entgegen $\mathfrak{e}_g$.

Entsprechendes gilt für die Darstellung des Aktions- und Reaktionsmomentes einer Drehfessel d mit dem Einheitsvektor $\mathfrak{e}_d$: Darstellung nach Bild 17, Kurzbezeichnung „Fesselmoment" $\mathfrak{D}_d$ mit Betrag D_d, Komponenten $D_{x(d)}, D_{y(d)}, D_{z(d)}$ bezüglich der Koordinatenachsen, Komponente $D_{o(d)}$ bezüglich einer Geraden $o-o$ mit dem Einheitsvektor $\mathfrak{e}_0$.

Fesselkräfte und Fesselmomente werden zusammenfassend „Fessellasten" genannt[1]).

---

[1]) Siehe die Fußnote [1]) auf Seite 22.

D. Gleichgewichtsbedingungen

Näheres über die Beträge A, D der Fessellasten zu einem gegebenen Belastungszustand mit eingeprägten Kräften $\mathfrak{P}_\varkappa$ und Momenten $\mathfrak{M}_\varkappa$ lt. Abschnitt C ergibt sich aus folgendem:

Eine stabil gelagerte Konstruktion kann keine beschleunigte Bewegung ausführen; die an ihr wirkenden Lasten (eingeprägte Lasten, Reaktionskräfte und Reaktionsmomente) erfüllen somit die aus der Mechanik bekannten „Gleichgewichtsbedingungen"[1]), d. h.: Die nächstehend gekennzeichneten Summen Σ_1 und Σ_2 sind gleich Null:

Σ_1 = geometrische Summe über die Reaktions- und eingeprägten Kräfte;

Σ_2 = geometrische Summe über die Momente der Reaktions- und eingeprägten Kräfte bezüglich eines beliebig gewählten Punktes o, über die Reaktionsmomente und – soweit von Paaren eingeprägter Kräfte nur die Momente gegeben sind – über die Momente dieser Kräftepaare.

Die Gleichgewichtsbedingungen $\Sigma_1 = 0$ und $\Sigma_2 = 0$ sind in den nachfolgenden Gleichungen 35 und 36 formelmäßig angeschrieben. Dabei sind die eingeprägten Kräfte wieder mit $\mathfrak{P}_\varkappa$ bezeichnet, die Momente derjenigen eingeprägten Kräftepaare, von denen nur die Momente gegeben sind, wieder mit $\mathfrak{M}_\varkappa$, die Reaktionskräfte und die Reaktionsmomente dagegen mit $-\mathfrak{A}_a$ und $-\mathfrak{D}_d$ (Vorzeichen negativ, weil für die Reaktionen lt. Abschnitt II C 2 umgekehrte Vorzeichenregeln gelten).

Kräfte-Gleichgewichtsbedingung $\Sigma_1 = 0$:

$$\sum_a (-\mathfrak{A}_a) + \sum_\varkappa \mathfrak{P}_\varkappa = 0, \tag{35}$$

Momenten-Gleichgewichtsbedingung bezüglich eines beliebig gewählten Punktes o (s. auch Gleichung 27) $\Sigma_2 = 0$:

[1]) Siehe W. Müller, Dynamik I; Sammlung Göschen, Bd. 902.

$$\sum_a \mathfrak{M}_o^{-A_a} + \sum_d (-\mathfrak{D}_d) + \sum_\varkappa \mathfrak{M}_o^{P_\varkappa} + \sum_\varkappa \mathfrak{M}_\varkappa = 0 \quad (36a)$$

oder:

$$\sum_a [\mathfrak{r}_{oa}(-\mathfrak{A}_a)] + \sum_d (-\mathfrak{D}_d) + \sum_\varkappa [\mathfrak{r}_{o\varkappa}\mathfrak{P}_\varkappa] + \sum_\varkappa \mathfrak{M}_\varkappa = 0. \quad (36b)$$

Lt. Gleichung 18 (angewendet auf $\mathfrak{A}_a$ und $\mathfrak{D}_d$) kann statt Gleichung 35 und 36b geschrieben werden:

$$-\sum_a A_a \mathfrak{e}_a + \sum_\varkappa \mathfrak{P}_\varkappa = 0, \quad (37)$$

$$-\sum_a A_a [\mathfrak{r}_{oa}\mathfrak{e}_a] - \sum_d D_d \mathfrak{e}_d + \sum_\varkappa [\mathfrak{r}_{o\varkappa}\mathfrak{P}_\varkappa] + \sum_\varkappa \mathfrak{M}_\varkappa = 0. \quad (38)$$

Indem beide Gleichungen in Komponenten bezüglich x, y, z geschrieben werden (s. Gleichung 30, 28), ergeben sich 6 Gleichungen,

die „Kräftegleichungen bezüglich der Richtungen x, y, z“: Gleichungen „P_x“, „P_y“, „P_z“ in Tafel 2,

die „Momentengleichungen bezüglich der Achsen x, y, z“: Gleichungen „M_x“, „M_y“, „M_z“ in Tafel 2[1]).

In diesen Gleichungen sind die Beträge A_a und D_d der 6 Fessellasten als Unbekannte enthalten.

Im einzelnen gilt dazu folgendes:
Umfaßt die Fesselung z. B.

3 Drehfesseln mit Einheitsvektoren $\mathfrak{e}_{\mathrm{I}}, \mathfrak{e}_{\mathrm{II}}, \mathfrak{e}_{\mathrm{III}}$, angeschlossen an Punkten $d = \mathrm{I, II, III}$, ferner

3 Wegfesseln mit Einheitsvektoren $\mathfrak{e}_1, \mathfrak{e}_2, \mathfrak{e}_3$, angeschlossen an Punkten $a = 1, 2, 3$ (vgl. dazu Abschnitt I D 2),

so gelten für die 6 Gleichungen in Tafel 2 die Spalten mit den Köpfen $A_1, A_2, A_3, D_{\mathrm{I}}, D_{\mathrm{II}}, D_{\mathrm{III}}$.

Enthält die Fesselung

nur 2, 1 oder 0 Drehfesseln und

4, 5 bzw. 6 Wegfesseln (vgl. Abschnitt I D 2),

so entfallen (s. Tafel 2)

[1]) Dort ist der Koordinatenursprung in den Momenten-Bezugspunkt o gelegt, also $r_{x(oa)} = x_a$, $r_{y(oa)} = y_a$, $r_{z(oa)} = z_a$ gesetzt.

*)	A_1	A_2	A_3	D_I	D_{II}	D_{III}			**) A_4	A_5	A_6
Gl. „P_x":	$-e_{x(1)}$	$-e_{x(2)}$	$-e_{x(3)}$	0	0	0	$\sum_k P_{x(k)}$	$=0$	$-e_{x(4)}$	$-e_{x(5)}$	$-e_{x(6)}$
Gl. „P_y":	$-e_{y(1)}$	$-e_{y(2)}$	$-e_{y(3)}$	0	0	0	$\sum_k P_{y(k)}$	$=0$	$-e_{y(4)}$	$-e_{y(5)}$	$-e_{y(6)}$
Gl. „P_z":	$-e_{z(1)}$	$-e_{z(2)}$	$-e_{z(3)}$	0	0	0	$\sum_k P_{z(k)}$	$=0$	$-e_{z(4)}$	$-e_{z(5)}$	$-e_{z(6)}$
Gl. „M_x":	$Z_1 \cdot e_{y(1)}$ $-Y_1 \cdot e_{z(1)}$	$Z_2 \cdot e_{y(2)}$ $-Y_2 \cdot e_{z(2)}$	$Z_3 \cdot e_{y(3)}$ $-Y_3 \cdot e_{z(3)}$	$-e_{x(I)}$	$-e_{x(II)}$	$-e_{x(III)}$	$\sum_k \{-Z_k \cdot P_{y(k)}$ $+Y_k \cdot P_{z(k)} + M_{x(k)}\}$	$=0$	$Z_4 \cdot e_{y(4)}$ $-Y_4 \cdot e_{z(4)}$	$Z_5 \cdot e_{y(5)}$ $-Y_5 \cdot e_{z(5)}$	$Z_6 \cdot e_{y(6)}$ $-Y_6 \cdot e_{z(6)}$
Gl. „M_y":	$X_1 \cdot e_{z(1)}$ $-Z_1 \cdot e_{x(1)}$	$X_2 \cdot e_{z(2)}$ $-Z_2 \cdot e_{x(2)}$	$X_3 \cdot e_{z(3)}$ $-Z_3 \cdot e_{x(3)}$	$-e_{y(I)}$	$-e_{y(II)}$	$-e_{y(III)}$	$\sum_k \{-X_k \cdot P_{z(k)}$ $+Z_k \cdot P_{x(k)} + M_{y(k)}\}$	$=0$	$X_4 \cdot e_{z(4)}$ $-Z_4 \cdot e_{x(4)}$	$X_5 \cdot e_{z(5)}$ $-Z_5 \cdot e_{x(5)}$	$X_6 \cdot e_{z(6)}$ $-Z_6 \cdot e_{x(6)}$
Gl. „M_z":	$Y_1 \cdot e_{x(1)}$ $-X_1 \cdot e_{y(1)}$	$Y_2 \cdot e_{x(2)}$ $-X_2 \cdot e_{y(2)}$	$Y_3 \cdot e_{x(3)}$ $-X_3 \cdot e_{y(3)}$	$-e_{z(I)}$	$-e_{z(II)}$	$-e_{z(III)}$	$\sum_k \{-Y_k \cdot P_{x(k)}$ $+X_k \cdot P_{y(k)} + M_{z(k)}\}$	$=0$	$Y_4 \cdot e_{x(4)}$ $-X_4 \cdot e_{y(4)}$	$Y_5 \cdot e_{x(5)}$ $-X_5 \cdot e_{y(5)}$	$Y_6 \cdot e_{x(6)}$ $-X_6 \cdot e_{y(6)}$

*) Z. B. die Gleichung „P_x" ist so zu lesen: $A_1 \cdot (-e_{x(1)}) + A_2 \cdot (-e_{x(2)}) + A_3 \cdot (-e_{x(2)}) - D_I \cdot 0 + D_{II} \cdot 0 + D_{III} \cdot 0 + \sum_k P_{x(k)} = 0$.

**) An die Stelle je einer der Spalten D_I, D_{II}, D_{III} tritt ggf. (Fesselungsart!) eine der Spalten A_4, A_5, A_6.

Ist z. B. n_1 parallel und gleichsinnig der Koordinatenachse x, so ist $e_{x(1)} = 1$, $e_{y(1)} = e_{z(1)} = 0$ usw.

Tafel 2. Gleichgewichtsbedingungen, Grundform (Gleichungen 37 und 38); Koordinatenursprung in den Momenten-Bezugspunkt o gelegt

1, 2 oder alle 3 der Spalten mit den Köpfen D_{I}, D_{II}, D_{III}, und an ihre Stelle treten 1, 2 bzw. 3 Spalten mit Köpfen A_4, A_5 bzw. A_6. Sind die Einheitsvektoren aller 6 Fessellinien -- wie oft der Fall — je parallel einer der Koordinatenachsen und besitzen sie gleichen Richtungssinn wie diese, so stellen die von Null verschiedenen Komponenten der

Bezugsgerade g—g parallel x:

Gl. „P_x": $-\sum_a A_{x(a)} + \sum_k P_{x(k)} = 0.$

Bezugsgerade g—g parallel y:

Gl. „P_y": $-\sum_a A_{y(a)} + \sum_k P_{y(k)} = 0.$

Bezugsgerade g—g parallel z:

Gl. „P_z": $-\sum_a A_{z(a)} + \sum_k P_{z(k)} = 0.$

Bezugsachse o—o parallel x:

Gl. „M_x": $-\sum_a \{A_{z(a)} y_a - A_{y(a)} z_a\} - \sum_a D_{x(a)} + \sum_k \{P_{z(k)} y_k - P_{y(k)} z_k + M_{x(k)}\} = 0.$

Bezugsachse o—o parallel y:

Gl. „M_y": $-\sum_a \{A_{x(a)} z_a - A_{z(a)} x_a\} - \sum_a D_{y(a)} + \sum_k \{P_{x(k)} z_k - P_{z(k)} x_k + M_{y(k)}\} = 0.$

Bezugsachse o—o parallel z:

Gl. „M_z": $-\sum_a \{A_{y(a)} x_a - A_{x(a)} y_a\} - \sum_a D_{z(a)} + \sum_k \{P_{y(k)} x_k - P_{x(k)} y_k + M_{z(k)}\} = 0.$

Tafel 3. Gleichgewichtsbedingungen, Grundform; Sonderfall: Einheitsvektoren der Fessellinien parallel und gleichsinnig den Koordinatenachsen; Koordinatenursprung in den Momenten-Bezugspunkt o gelegt

Fesselkräfte bzw. -momente bereits die Beträge der Fessellasten dar. In diesem Falle können die Gleichungen „P_x", „P_y", ... „M_z" unmittelbar aus den Gleichungen 35 und 36 abgelesen werden: s. Tafel 3[1]).

Die jeweils geltenden 6 Gleichungen sind für jede Gruppe von eingeprägten Lasten $\mathfrak{P}_\varkappa$, $\mathfrak{M}_\varkappa$ auflösbar, wenn die sog. Nennerdeterminante Δ der Gleichungen ungleich Null ist. In Δ treten

[1]) Siehe die Fußnote [1]) auf Seite 26.

die Komponenten der Fessel-Einheitsvektoren $\mathfrak{e}_a$ und $\mathfrak{e}_d$, desgl. (über $\mathfrak{r}_{oa}$ eingehend) die Koordinaten der Wegfessel-Anschlußpunkte a sowie des Momenten-Bezugspunktes o als Parameter auf[1]).

Die mit 6 Fesseln angeschlossene (in sich starre) Konstruktion heißt im Falle, daß $\Delta \gtrless 0$ ist, „statisch bestimmt gelagert". Wie ein Vergleich von Tafel 2 mit Tafel 1 zeigt, ist Δ dem Betrage nach gleich der in Abschnitt I C genannten Determinante, wenn der Koordinaten-Ursprung in den Punkt o gelegt wird[2]). D. h.: Ist eine (in sich starre) Konstruktion mit 6 Fesseln stabil gelagert, so ist sie auch statisch bestimmt gelagert (und umgekehrt).

Ist eine (in sich starre) Konstruktion mit mehr als 6 Fesseln angeschlossen, so reichen die 6 Gleichungen (Gleichgewichtsbedingungen) nicht aus, um die Fessellasten zu bestimmen: Die Konstruktion heißt dann „statisch unbestimmt gelagert".

E. Resultierende Kraft und resultierendes Moment

Die Fessellasten einer mit 6 Fesseln statisch bestimmt gelagerten (in sich starren) Konstruktion bleiben unverändert, wenn die ihr eingeprägte Lastengruppe ersetzt wird durch:

eine „resultierende" Kraft $\mathfrak{P}_{res}$, deren Wirkungslinie durch einen gewählten Punkt o geht, und ein „resultierendes" Moment $\mathfrak{M}_{res}$.

Die Komponenten von $\mathfrak{P}_{res}$ und $\mathfrak{M}_{res}$ bezüglich x, y, z ($P_{x\,res}$, $P_{y\,res}$, ... $M_{z\,res}$) sind gegeben durch die Absolutglieder der Gleichungen „P_x", „P_y", ... „M_z" in Tafel 2 oder 3.

[1]) In Sonderfällen können sich auch dann eindeutige endliche Beträge für Fessellasten ergeben, wenn $\Delta = 0$ ist. Die Feststellung, daß sich in einem betrachteten Belastungsfall eindeutige endliche Beträge für Fessellasten ergeben, besagt also noch nichts über die Brauchbarkeit der Fesselung.

[2]) Man vertausche in einer der beiden Tafeln 1 und 2 die Zeilen mit den Spalten!

F. Anwendung der Gleichgewichtsbedingungen

Zur praktischen Berechnung der Fessellasten ist es oft zweckmäßig, die Gleichgewichtsbedingungen 37, 38 nicht in Komponenten bezüglich x, y, z anzuschreiben (s. Tafel 2), sondern (s. die Gleichungen 23, 31):

die Kräfte-Gleichgewichtsbedingung 37 in Komponenten bezüglich je einer Geraden $g-g = \alpha-\alpha$, $\beta-\beta$ bzw. $\gamma-\gamma$ mit Einheitsvektor $\mathfrak{e}_\alpha$, $\mathfrak{e}_\beta$ bzw. $\mathfrak{e}_\gamma$, z. B.:

$$-\sum_a A_a \mathfrak{e}_a \mathfrak{e}_\alpha + \sum_\varkappa \mathfrak{P}_\varkappa \mathfrak{e}_\alpha = 0 \qquad (39)$$

usw.,

„Kräftegleichungen bezüglich Richtungen $\alpha-\alpha$, $\beta-\beta$, $\gamma-\gamma$“,

die Momenten-Gleichgewichtsbedingung 38 in Komponenten bezüglich je einer durch einen Punkt o_δ, o_ε bzw. o_ζ gehenden Geraden $o-o = \delta-\delta$, $\varepsilon-\varepsilon$ bzw. $\zeta-\zeta$ mit Einheitsvektor $\mathfrak{e}_\delta$, $\mathfrak{e}_\varepsilon$ bzw. $\mathfrak{e}_\zeta$, z. B. (mit $\mathfrak{r}_{\delta a}$, $\mathfrak{r}_{\delta \varkappa}$ kurz statt: $\mathfrak{r}_{o_\delta a}$, $\mathfrak{r}_{o_\delta \varkappa}$):

$$-\sum_a A_a [\mathfrak{r}_{\delta a} \mathfrak{e}_a]\, \mathfrak{e}_\delta - \sum_d D_d \mathfrak{e}_d \mathfrak{e}_\delta + \sum_\varkappa [\mathfrak{r}_{\delta\varkappa} \mathfrak{P}_\varkappa]\, \mathfrak{e}_\delta + \sum_\varkappa \mathfrak{M}_\varkappa \mathfrak{e}_\delta = 0 \qquad (40)$$

usw.,

„Momentengleichungen bezüglich Achsen $\delta-\delta$, $\varepsilon-\varepsilon$, $\zeta-\zeta$“.

Die in diesen Gleichungen enthaltenen inneren und äußeren Produkte sind lt. Gleichung 23, 24, 28, 30 durch die Komponenten der darin auftretenden Vektoren bezüglich x, y, z auszudrücken: s. dazu die in Tafel 4 angeschriebenen Gleichungen „P_α“, „P_β“, „P_γ“ und „M_δ“, „M_ε“, „M_ζ“. – Zu den Spaltenköpfen in Tafel 4 gilt – je nach der Fesselungsart – Gleiches wie zu den Spaltenköpfen in Tafel 2.

An Stelle je einer Kräfte-Gleichung „P_α“, „P_β“, „P_γ“ kann auch eine weitere Momenten-Gleichung verwendet werden:

	A_1	A_2	A_3	D_I	D_{II}	D_{III}			*) A_4	A_5	A_6
„P_α''“:	$-\pi_1\pi_\alpha$	$-\pi_2\pi_\alpha$	$-\pi_3\pi_\alpha$	0	0	0	$\sum_k \mathfrak{P}_k \pi_\alpha$	$=0$	$-\pi_4\pi_\alpha$	$-\pi_5\pi_\alpha$	$-\pi_6\pi_\alpha$
„P_β''“:	$-\pi_1\pi_\beta$	$-\pi_2\pi_\beta$	$-\pi_3\pi_\beta$	0	0	0	$\sum_k \mathfrak{P}_k \pi_\beta$	$=0$	$-\pi_4\pi_\beta$	$-\pi_5\pi_\beta$	$-\pi_6\pi_\beta$
„P_γ''“:	$-\pi_1\pi_\gamma$	$-\pi_2\pi_\gamma$	$-\pi_3\pi_\gamma$	0	0	0	$\sum_k \mathfrak{P}_k \pi_\gamma$	$=0$	$-\pi_4\pi_\gamma$	$-\pi_5\pi_\gamma$	$-\pi_6\pi_\gamma$
„M_δ''“:	$-[\varkappa_{\delta 1}\pi_1]\pi_\delta$	$-[\varkappa_{\delta 2}\pi_2]\pi_\delta$	$-[\varkappa_{\delta 3}\pi_3]\pi_\delta$	$-\pi_I\pi_\delta$	$-\pi_{II}\pi_\delta$	$-\pi_{III}\pi_\delta$	$\sum_k\{[\varkappa_{\delta,k}\mathfrak{P}_k]\pi_\delta + \mathfrak{M}_k\pi_\delta\}$	$=0$	$-[\varkappa_{\delta 4}\pi_4]\pi_\delta$	$-[\varkappa_{\delta 5}\pi_5]\pi_\delta$	$-[\varkappa_{\delta 6}\pi_6]\pi_\delta$
„M_ε''“:	$-[\varkappa_{\varepsilon 1}\pi_1]\pi_\varepsilon$	$-[\varkappa_{\varepsilon 2}\pi_2]\pi_\varepsilon$	$-[\varkappa_{\varepsilon 3}\pi_3]\pi_\varepsilon$	$-\pi_I\pi_\varepsilon$	$-\pi_{II}\pi_\varepsilon$	$-\pi_{III}\pi_\varepsilon$	$\sum_k\{[\varkappa_{\varepsilon,k}\mathfrak{P}_k]\pi_\varepsilon + \mathfrak{M}_k\pi_\varepsilon\}$	$=0$	$-[\varkappa_{\varepsilon 4}\pi_4]\pi_\varepsilon$	$-[\varkappa_{\varepsilon 5}\pi_5]\pi_\varepsilon$	$-[\varkappa_{\varepsilon 6}\pi_6]\pi_\varepsilon$
„M_ζ''“:	$-[\varkappa_{\zeta 1}\pi_1]\pi_\zeta$	$-[\varkappa_{\zeta 2}\pi_2]\pi_\zeta$	$-[\varkappa_{\zeta 3}\pi_3]\pi_\zeta$	$-\pi_I\pi_\zeta$	$-\pi_{II}\pi_\zeta$	$-\pi_{III}\pi_\zeta$	$\sum_k\{[\varkappa_{\zeta,k}\mathfrak{P}_k]\pi_\zeta + \mathfrak{M}_k\pi_\zeta\}$	$=0$	$-[\varkappa_{\zeta 4}\pi_4]\pi_\zeta$	$-[\varkappa_{\zeta 5}\pi_5]\pi_\zeta$	$-[\varkappa_{\zeta 6}\pi_6]\pi_\zeta$

An die Stelle je einer der Gleichungen „P_α''“, „P_β''“, „P_γ''“ kann eine der folgenden Gleichungen „M_η''“, „M_ϑ''“, „M_i''“ treten:

	A_1	A_2	A_3	D_I	D_{II}	D_{III}			A_4	A_5	A_6
„M_η''“:	$-[\varkappa_{\eta 1}\pi_1]\pi_\eta$	$-[\varkappa_{\eta 2}\pi_2]\pi_\eta$	$-[\varkappa_{\eta 3}\pi_3]\pi_\eta$	$-\pi_I\pi_\eta$	$-\pi_{II}\pi_\eta$	$-\pi_{III}\pi_\eta$	$\sum_k\{[\varkappa_{\eta,k}\mathfrak{P}_k]\pi_\eta + \mathfrak{M}_k\pi_\eta\}$	$=0$	$-[\varkappa_{\eta 4}\pi_4]\pi_\eta$	$-[\varkappa_{\eta 5}\pi_5]\pi_\eta$	$-[\varkappa_{\eta 6}\pi_6]\pi_\eta$
„M_ϑ''“:	$-[\varkappa_{\vartheta 1}\pi_1]\pi_\vartheta$	$-[\varkappa_{\vartheta 2}\pi_2]\pi_\vartheta$	$-[\varkappa_{\vartheta 3}\pi_3]\pi_\vartheta$	$-\pi_I\pi_\vartheta$	$-\pi_{II}\pi_\vartheta$	$-\pi_{III}\pi_\vartheta$	$\sum_k\{[\varkappa_{\vartheta,k}\mathfrak{P}_k]\pi_\vartheta + \mathfrak{M}_k\pi_\vartheta\}$	$=0$	$-[\varkappa_{\vartheta 4}\pi_4]\pi_\vartheta$	$-[\varkappa_{\vartheta 5}\pi_5]\pi_\vartheta$	$-[\varkappa_{\vartheta 6}\pi_6]\pi_\vartheta$
„M_i''“:	$-[\varkappa_{i1}\pi_1]\pi_i$	$-[\varkappa_{i2}\pi_2]\pi_i$	$-[\varkappa_{i3}\pi_3]\pi_i$	$-\pi_I\pi_i$	$-\pi_{II}\pi_i$	$-\pi_{III}\pi_i$	$\sum_k\{[\varkappa_{i,k}\mathfrak{P}_k]\pi_l + \mathfrak{M}_k\pi_i\}$	$=0$	$-[\varkappa_{i4}\pi_4]\pi_i$	$-[\varkappa_{i5}\pi_5]\pi_i$	$-[\varkappa_{i6}\pi_6]\pi_i$

*) *An die Stelle je einer der Spalten D_I, D_{II}, D_{III} tritt ggf. (Fesselungsart!) eine der Spalten A_4, A_5, A_6.*

Tafel 4. Gleichgewichtsbedingungen, verallgemeinerte Form (Gleichungen 39 und 40)

„Momentengleichungen bezüglich Achsen $\eta-\eta$, $\vartheta-\vartheta$ bzw. $\iota-\iota$", die durch Punkte o_η, o_ϑ, o_ι gehen, mit Einheitsvektoren e_η, e_ϑ, e_ι: Gleichungen „M_η", „M_ϑ", „M_ι" in Tafel 4.

Bei der Wahl von Geraden $g-g=\alpha-\alpha,\ldots$ und $o-o=\delta-\delta,\ldots$ ist folgendes zu beachten: Die vom Erdboden abgetrennt gedachte (in sich starre) Konstruktion muß auch dann eine stabil gelagerte Konstruktion bleiben, wenn angenommen wird, die Geraden $g-g=\alpha-\alpha,\ldots$ seien die Fessellinien von Drehfesseln, die Geraden $o-o=\delta-\delta,\ldots$ seien die Fessellinien von Wegfesseln der Konstruktion.

Sind die Einheitsvektoren aller 6 Fessellinien $d-d$, $a-a$, desgl. die der Bezugsgeraden $g-g$, $o-o$, je parallel einer der Koordinatenachsen und besitzen sie gleichen Richtungssinn wie diese, so gehen die Gleichungen der Tafel 4 in die der Tafel 5 über.

Durch geschickte Wahl der Bezugsgeraden $g-g$, $o-o$ können manche Vereinfachungen erzielt werden:

a) Wird z. B. die Gerade $g-g=\alpha-\alpha$ senkrecht zu einer Wegfessellinie $a-a=1-1$ gewählt, so wird in Gleichung „P_α" (s. Tafel 4) der Faktor von A_1 (nämlich $-\,e_1 e_\alpha$) zu Null (vgl. Abschnitt I B 2).

b) Wird z. B. die Achse $o-o=\delta-\delta$ so gewählt, daß sie 2 Wegfessellinien $a-a=1-1$ und $2-2$ schneidet, so werden die Momente der Reaktionskräfte $\mathfrak{A}_1$ und $\mathfrak{A}_2$ bezüglich $\delta-\delta$ lt. Abschnitt II B 4b (Schlußsatz) zu Null; d. h. in Gleichung „M_δ" (s. Tafel 4) werden die Faktoren von A_1 und A_2 zu Null.

c) Die Koordinatenebene zx sei die Zeichnungsebene, der Einheitsvektor e_δ der Achse $o-o=\delta-\delta$ sei parallel und gleichsinnig der Koordinatenachse y (s. Bild 20); zu einer Wegfessellinie $a-a=1-1$ (Einheitsvektor e_1) in der Ebene zx ist dann der kürzeste Abstand ϱ_1 zwischen $1-1$ und $\delta-\delta$ mühelos zu ermitteln. – Für das Moment der Reaktionskraft $\mathfrak{A}_1$

bezüglich $\delta-\delta$ kann dann lt. Gleichung 34 einfach geschrieben werden: $\pm A_1 \varrho_1$; d. h.: In Gleichung „M_δ" (s. Tafel 4) kann für den Faktor von A_1 gesetzt werden: $\pm \varrho_1$, wobei das Zeichen $+$ oder $-$ gilt, je nachdem die Reaktionskraft $\mathfrak{A}_1$, mit positivem Betrag (entgegen $\mathfrak{e}_1$) eingetragen, im oder entgegen dem Drehsinn zx um $\delta-\delta$ dreht.

Bezugsgerade $g-g$ (z.B. $\alpha-\alpha$, $\beta-\beta$, ...) parallel x,

Gl. „P_x": $\quad -\sum_a A_{x(a)} + \sum_k P_{x(k)} = 0.$

Bezugsgerade $g-g$ parallel y,

Gl. „P_y": $\quad -\sum_a A_{y(a)} + \sum P_{y(k)} = 0.$

Bezugsgerade $g-g$ parallel z,

Gl. „P_z": $\quad -\sum_a A_{z(a)} + \sum P_{z(k)} = 0.$

Bezugsachse $\sigma-\sigma$ (z.B. $\delta-\delta$, $\varepsilon-\varepsilon$, ...) parallel x durch einen Punkt σ (z.B. σ_δ, σ_ε, ...),

Gl. „$M_{x(\sigma)}$": $\quad -\sum_a \{A_{z(a)}(y_a - y_\sigma) - A_{y(a)}(z_a - z_\sigma)\} - \sum_a D_{x(a)}$

$\quad + \sum \{P_{z(k)}(y_k - y_\sigma) - P_{y(k)}(z_k - z_\sigma) + M_{x(k)}\} = 0.$

Bezugsachse $\sigma-\sigma$ parallel y durch einen Punkt σ,

Gl. „$M_{y(\sigma)}$": $\quad -\sum_a \{A_{x(a)}(z_a - z_\sigma) - A_{z(a)}(x_a - x_\sigma)\} - \sum_a D_{y(a)}$

$\quad + \sum \{P_{x(k)}(z_k - z_\sigma) - P_{z(k)}(x_k - x_\sigma) + M_{y(k)}\} = 0.$

Bezugsachse $\sigma-\sigma$ parallel z durch einen Punkt σ,

Gl. „$M_{z(\sigma)}$": $\quad -\sum_a \{A_{y(a)}(x_a - x_\sigma) - A_{x(a)}(y_a - y_\sigma)\} - \sum_a D_{z(a)}$

$\quad + \sum \{P_{y(k)}(x_k - x_\sigma) - P_{x(k)}(y_k - y_\sigma) + M_{z(k)}\} = 0.$

Je eine der Gleichungen „P_x", „P_y", „P_z" kann ausgetauscht werden gegen eine der Gleichungen „$M_{x(\sigma)}$", „$M_{y(\sigma)}$", „$M_{z(\sigma)}$" mit geeigneter Bezugsachse $\sigma-\sigma$.

Tafel 5

Gleichgewichtsbedingungen, verallgemeinerte Form; Sonderfall: Einheitsvektoren der Fessellinien sowie der Bezugsgeraden parallel und gleichsinnig den Koordinatenachsen

G. Beispiele

1. Beispiele 1a bis d (s. Bild 18 mit Varianten 19 bis 22)

Eine Konstruktion sei mit 6 Wegfesseln an Punkten $a = 1, 2, \ldots 6$ gefesselt; die Fessellinien seien $a-a = 1-1$, $2-2, \ldots 6-6$ mit den Einheitsvektoren $\mathfrak{e}_1, \mathfrak{e}_2, \ldots \mathfrak{e}_6$. An der Konstruktion wirke eine Kraft $\mathfrak{P}$.

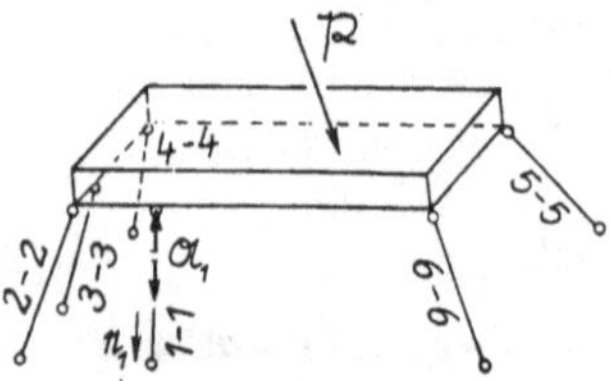

Bild 18. Mit 6 Wegfesseln angeschlossene Konstruktion

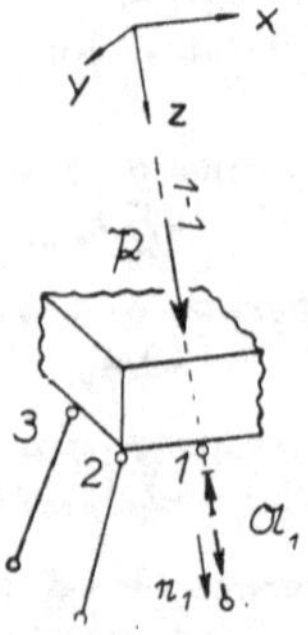

Bild 19. Variante zu Bild 18: Wirkungslinien von $\mathfrak{A}_1$ und $\mathfrak{P}$ zusammenfallend

a) Sonderfall Bild 19

Die Wirkungslinie von $\mathfrak{P}$ falle mit der Fessellinie $a-a=1-1$ zusammen. $\mathfrak{P}$ besitze gleichen Richtungssinn wie $\mathfrak{e}_1$. Der Ursprung des Koordinatensystems wird auf der Wirkungslinie von $\mathfrak{P}$ angenommen; die Koordinatenachse z wird in $1-1$ gelegt; ihr positiver Ast besitze gleichen Richtungssinn wie $\mathfrak{e}_1$.

$A_2, \ldots A_6$ sind gleich Null[1]).

Gleichung „P_z" lt. Tafel 2 lautet:

$$-A_1 + P = 0,$$

d. h. $A_1 = P$: Die Reaktionskraft $\mathfrak{A}_1$ weist also lt. Abschnitt II C 2 entgegen $\mathfrak{e}_1$ und lt. obigem entgegen $\mathfrak{P}$.

---

[1]) Man stelle z. B. auf: die Gleichungen „P_x", „P_y", „M_x", „M_y", „M_z" lt. Tafel 2. Das ergibt 5 homogene Gleichungen, in denen nur die 5 Unbekannten $A_2, \ldots A_6$ auftreten.

b) Sonderfall Bild 20

Die Wirkungslinie von $\mathfrak{P}$ liege mit den Fessellinien $a-a=1-1$ und $2-2$ in einer Ebene und gehe durch den Schnittpunkt $\varkappa$ von $1-1$ und $2-2$; die Wahl des Koordinatensystems und alles weitere siehe in Bild 20.

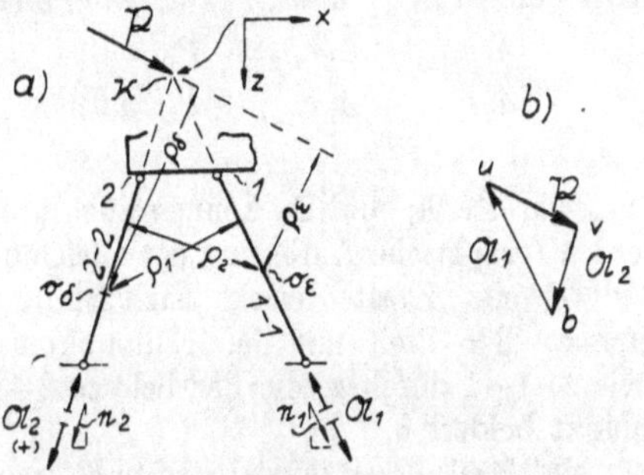

Bild 20. Variante zu Bild 18: Wirkungslinien von $\mathfrak{A}_1$, $\mathfrak{A}_2$, $\mathfrak{P}$ in einer Ebene, durch einen Punkt $\varkappa$ gehend ($\mathfrak{A}_1$ und $\mathfrak{A}_2$ in Bild a zunächst positiv eingetragen)

$A_3, \ldots A_5$ sind gleich Null[1]).

α) Die Gleichungen „M_δ" und „M_ε" lt. Tafel 4 bezüglich zweier Achsen $o-o=\delta-\delta$, $\varepsilon-\varepsilon$ mit Einheitsvektoren parallel und gleichsinnig $+y$, von denen $\delta-\delta$ durch einen Punkt o_δ auf $2-2$, die andere durch einen Punkt o_ε auf $1-1$ geht, lauten bei Anordnung nach Bild 20 (vgl. Abschnitt II F c sowie Gleichung 34):

$$A_1\varrho_1 - P\varrho_\delta = 0,$$
$$-A_2\varrho_2 - P\varrho_\varepsilon = 0;$$

sie liefern

$$A_1 = \frac{P\varrho_\delta}{\varrho_1}, \quad A_2 = -\frac{P\varrho_\varepsilon}{\varrho_2}.$$

1) Man stelle z. B. auf: die Gleichungen „P_y", „M_x", „M_y", „M_z" lt. Tafel 2. Das ergibt 4 homogene Gleichungen, in denen nur die 4 Unbekannten $A_3, \ldots A_6$ auftreten.

Lt. Abschnitt II C 2 wirkt also die Reaktionskraft $\mathfrak{A}_1$ wie in Bild 20 eingetragen (d. h. entgegen dem Richtungssinn von $\mathfrak{e}_1$), die Reaktionskraft $\mathfrak{A}_2$ entgegen der ursprünglichen „positiven" Eintragung ($\mathfrak{A}_{2+}$) in Bild 20 (d. h. im Richtungssinn von $\mathfrak{e}_2$).

β) Die Gleichungen „P_x" und „P_z" lt. Tafel 2 lauten:

$$\begin{aligned} - A_1 e_{x(1)} - A_2 e_{x(2)} + P_x &= 0, \\ - A_2 e_{z(1)} - A_2 e_{z(2)} + P_z &= 0; \end{aligned} \tag{41}$$

sie liefern A_1 und A_2.

γ) Die Fesselkräfte $\mathfrak{A}_1$ und $\mathfrak{A}_2$ können auch graphisch ermittelt werden (graphische Auflösung der Gleichungen „P_x" und „P_z" durch ein „Kräftedreieck" nach Bild 20b).

Man zeichne: $\mathfrak{P}$ = Pfeil mit den Endpunkten u und v, die Parallele zu 1—1 durch u, die Parallele zu 2—2 durch v. Schnittpunkt beider: b.

Man trage ein: Pfeilspitzen in $v—b$ und in $b—u$ gemäß dem durch $\mathfrak{P}$ gegebenen „Umfahrungssinn" $uvbu$, d. h. so, daß bei den drei Pfeilen $\mathfrak{P}$, $v \to b$, $b \to u$ jeweils die Spitze des einen mit dem Fuß des nächsten zusammenfällt. $\mathfrak{A}_1$ = Pfeil $b \to u$, $\mathfrak{A}_2$ = Pfeil $v \to b$ [1]).

c) Sonderfall Bild 21

Die Wirkungslinie von $\mathfrak{P}$ liege mit den Fessellinien $a—a$ = 1—1, 2—2, 6—6 (die nicht durch einen Punkt gehen) in einer Ebene; die Wahl des Koordinatensystems und alles Weitere s. in Bild 21.

A_3, A_4, A_5 sind gleich Null [2]).

---

[1]) Werden die Pfeilspitzen umgekehrt eingetragen, d. h. entgegen dem durch $\mathfrak{P}$ gegebenen Umfahrungssinn, so stellen $u \to b$ und $b \to v$ lt. Abschnitt II B 3 zwei Kräfte dar, deren resultierende Kraft gleich $\mathfrak{P}$ ist: sog. Zerlegung von $\mathfrak{P}$ in „2 Komponenten parallel 1—1 und 2—2". (Nicht zu verwechseln mit dem in Abschnitt II B 2 erläuterten Begriff „Komponente bezüglich einer Geraden"!).

[2]) Man stelle z. B. auf: die Gleichungen „P_y", „M_x" „M_z" lt. Tafel 2. Das ergibt 3 homogene Gleichungen, in denen nur die 3 Unbekannten A_3, A_4, A_5 auftreten.

α) Die Gleichungen „M_δ", „M_ε", „M_ζ" lt. Tafel 4 bezüglich dreier Achsen $o-o=\delta-\delta, \varepsilon-\varepsilon, \zeta-\zeta$ mit Einheitsvektoren parallel und gleichsinnig $+y$, von denen jede lt. Bild 21 durch einen der Schnittpunkte o_δ, o_ε, o_ζ von zweien der Fessellinien 1—1, 2—2, 6—6 geht, lauten bei Anordnung nach Bild 21 (vgl. Abschnitt II Fc sowie Gleichung 34):

$$-A_1\varrho_1 - P\varrho_\delta = 0,$$
$$-A_2\varrho_2 + P\varrho_\varepsilon = 0,$$
$$+A_6\varrho_6 - P\varrho_\zeta = 0;$$

sie liefern A_1, A_2, A_6.

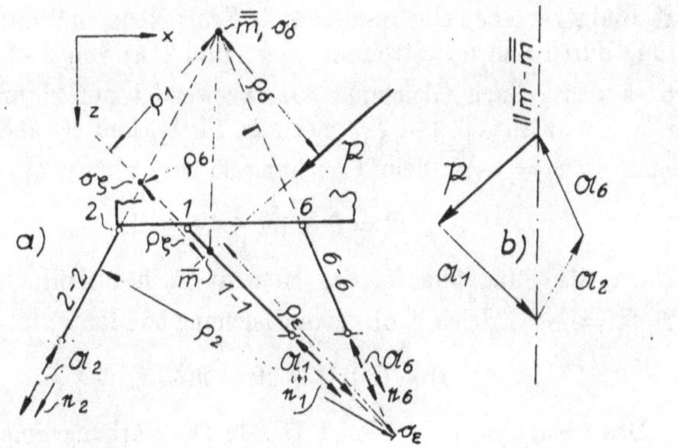

Bild 21. Variante zu Bild 18: Wirkungslinien von $\mathfrak{A}_1$, $\mathfrak{A}_2$, $\mathfrak{A}_6$, $\mathfrak{P}$ in einer Ebene ($\mathfrak{A}_1$, $\mathfrak{A}_2$, $\mathfrak{A}_6$ in Bild a zunächst positiv eingetragen)

β) Die Gleichungen „P_x" und „P_z" lt. Tafel 2 lauten:

$$-A_1 e_{x(1)} - A_2 e_{x(2)} - A_6 e_{x(6)} + P_x = 0,$$
$$-A_1 e_{z(1)} - A_2 e_{z(2)} - A_6 e_{z(6)} + P_z = 0; \quad (42a, b)$$

die Momentengleichung „M_δ" lt. Tafel 4 bezüglich einer Achse $o-o=\delta-\delta$ mit Einheitsvektor parallel und gleichsinnig $+y$ durch den Schnittpunkt o_1 von 2—2 und 3—3 lautet:

$$-A_1\varrho_1 - P\varrho_\delta = 0. \tag{42c}$$

Die Gleichungen liefern A_1, A_2, A_6.

γ) Die Fesselkräfte können auch graphisch ermittelt werden (graphische Auflösung der Gleichungen 42 durch ein „Kräfteviereck" lt. Bild 21b nach Culmann):

$\mathfrak{P}$ und $\mathfrak{A}_1$ ergeben lt. Abschnitt II B 3 eine resultierende Kraft $\overline{\mathfrak{R}}$, deren Wirkungslinie durch den Schnittpunkt $\overline{m}$ (s. Bild 21a) von 1—1 mit der Wirkungslinie von $\mathfrak{P}$ geht. $\mathfrak{A}_2$ und $\mathfrak{A}_6$ ergeben eine resultierende Kraft $\dddot{\mathfrak{R}}$, deren Wirkungslinie durch den Schnittpunkt $\dddot{m}$ (s. Bild 21a) von 2—2 und 6—6 geht. Nach Gleichung 35, angewendet auf $\overline{\mathfrak{R}}$ und $\dddot{\mathfrak{R}}$ (als Ersatz für $\mathfrak{P}$ und $\mathfrak{A}_1$ einerseits, für $\mathfrak{A}_2$ und $\mathfrak{A}_6$ andererseits) ist $\dddot{\mathfrak{R}} = -\overline{\mathfrak{R}}$; denn Gleichung 35 lautet hier:

$$0 + \Sigma\,\mathfrak{R} = 0 + (\overline{\mathfrak{R}} + \dddot{\mathfrak{R}}) = 0.$$

Nach Gleichung 36a ist das Moment $\mathfrak{M}$ des Kräftepaares $\overline{\mathfrak{R}}$, $\dddot{\mathfrak{R}}(= -\overline{\mathfrak{R}})$ gleich Null; denn Gleichung 36a lautet hier:

$$0 + 0 + 0 + \mathfrak{M} = 0.$$

Das besagt nach Abschnitt II B1: Die Wirkungslinie von $\overline{\mathfrak{R}}$ fällt mit der von $\dddot{\mathfrak{R}}$ zusammen; sie ist also nach obigem die durch $\overline{m}$ und $\dddot{m}$ gehende Gerade (s. Bild 21a).

Indem somit die Wirkungslinie von $\overline{\mathfrak{R}}$ und $\dddot{\mathfrak{R}}$ bekannt ist, können zwei Kräftedreiecke lt. Abschnitt II G 1bγ gezeichnet werden (s. Bild 21b): Dreieck der Kräfte $\mathfrak{P}$, $\mathfrak{A}_1$ ($\parallel$ 1—1), $\dddot{\mathfrak{R}}$ ($\parallel \overline{m}-\dddot{m}$) und Dreieck der Kräfte $\overline{\mathfrak{R}}(= -\dddot{\mathfrak{R}})$, $\mathfrak{A}_2$ ($\parallel$ 2—2), $\mathfrak{A}_6$ ($\parallel$ 6—6). Insgesamt: Kräfteviereck, gebildet aus $\mathfrak{P}$, $\mathfrak{A}_1$, $\mathfrak{A}_2$, $\mathfrak{A}_6$.

d) Sonderfall Bild 22

Die Wirkungslinie von $\mathfrak{P}$ gehe durch den gemeinsamen Schnittpunkt $\varkappa$ von 3 Fessellinien 1—1, 2—2, 3—3, die nicht in einer Ebene liegen; die Wahl des Koordinatensystems und alles Weitere s. in Bild 22.

A_4, A_5, A_6 sind gleich Null[1]).

α) Die Gleichungen „P_x“, „P_y“, „P_z“ lt. Tafel 2 lauten:

$$\begin{aligned} -A_1 e_{x(1)} - A_2 e_{x(2)} - A_3 e_{x(3)} + P_x &= 0, \\ -A_1 e_{y(1)} - A_2 e_{y(2)} - A_3 e_{y(3)} + P_y &= 0, \\ -A_1 e_{z(1)} - A_2 e_{z(2)} - A_3 e_{z(3)} + P_z &= 0; \end{aligned} \tag{43}$$

sie liefern A_1, A_2, A_3.

β) Die Fesselkräfte können auch graphisch ermittelt werden (graphische Auflösung der Gleichungen 43 durch ein „räumliches Kräfteviereck“ lt. Bild 22b nach Culmann):

$\mathfrak{P}$ und $\mathfrak{A}_1$ ergeben lt. Abschnitt II B 3 eine resultierende Kraft $\overline{\mathfrak{R}}$, deren Wirkungslinie durch $\varkappa$ geht und in der Ebene von $\mathfrak{P}$ und 1—1 liegt; $\mathfrak{A}_2$ und $\mathfrak{A}_3$ ergeben eine resultierende Kraft $\overline{\overline{\mathfrak{R}}}$, deren Wirkungslinie durch $\varkappa$ geht und in der Ebene von 2—2 und 3—3 liegt. Nach gleichen Überlegungen wie in Abschnitt II G 1 cγ, angewendet auf $\overline{\mathfrak{R}}$ und $\overline{\overline{\mathfrak{R}}}$ (als Ersatz für $\mathfrak{P}$ und $\mathfrak{A}_1$ einerseits, für $\mathfrak{A}_2$ und $\mathfrak{A}_3$ andererseits), ist $\overline{\overline{\mathfrak{R}}} = -\overline{\mathfrak{R}}$ und ist das Moment $\mathfrak{M}$ des Kräftepaares $\overline{\mathfrak{R}}$, $\overline{\overline{\mathfrak{R}}}$ gleich Null. Letzteres besagt (vgl. Abschnitt II B 1): Die Wirkungslinie von $\overline{\mathfrak{R}}$ fällt mit der von $\overline{\overline{\mathfrak{R}}}$ zusammen; sie ist also die Schnittlinie $\varkappa$—n der beiden oben genannten Ebenen (s. Bild 22a; n = Schnittpunkt der „Spurlinien“ beider Ebenen).

[1]) Man stelle auf: die Gleichungen „M_x“, „M_y“, „M_z“ lt. Tafel 2. Das ergibt 3 homogene Gleichungen, in denen nur die Unbekannten A_4, A_5, A_6 auftreten.

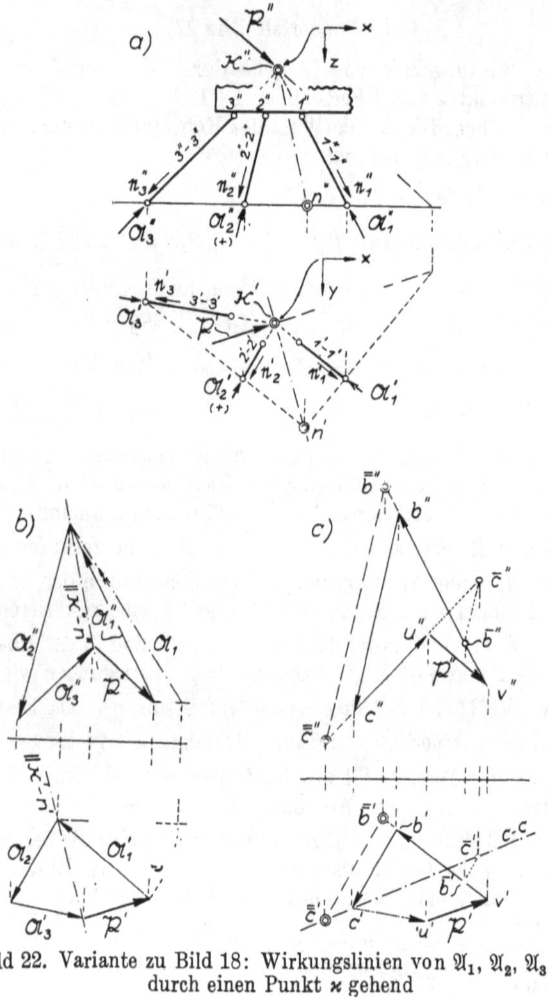

Bild 22. Variante zu Bild 18: Wirkungslinien von $\mathfrak{A}_1$, $\mathfrak{A}_2$, $\mathfrak{A}_3$, $\mathfrak{P}$ durch einen Punkt $\varkappa$ gehend

Somit zeichne man – analog Abschnitt II G 1 cγ – zwei Kräftedreiecke, gebildet aus $\mathfrak{P}$, $\mathfrak{A}_1$ ($\parallel$ 1–1), $\bar{\bar{\mathfrak{R}}}$ ($\parallel$ $\varkappa$–n) und $\bar{\mathfrak{R}}$ ($= -\bar{\bar{\mathfrak{R}}}$), $\mathfrak{A}_2$ ($\parallel$ 2–2), $\mathfrak{A}_3$ ($\parallel$ 3–3) im Grundriß und im Aufriß; anschließend ermittle man die wahren Größen von $\mathfrak{A}_1$, $\mathfrak{A}_2$, $\mathfrak{A}_3$ (wie in Bild 22b für $\mathfrak{A}_1$ eingetragen).

γ) Die graphische Ermittlung der Fesselkräfte kann auch nach Bild 22c vorgenommen werden; dabei kennzeichne der Zeiger $''$ Aufrißprojektionen, der Zeiger $'$ Grundrißprojektionen[1]).

(1) $\mathfrak{P}''$ und $\mathfrak{P}'$ = Pfeile $u'' \to v''$ und $u' \to v'$.

(2) Im Aufriß: Parallele zu $1''$–$1''$ durch v''; auf ihr Annahme eines „Ausgangs-Punktes" $\bar{b}''$. Parallele zu $2''$–$2''$ durch $\bar{b}''$, Parallele zu $3''$–$3''$ durch u''; Schnittpunkt beider: Punkt $\bar{c}''$.

Im Grundriß: Parallele zu $1'$–$1'$ durch v'; auf ihr: Punkt $\bar{b}'$ unter $\bar{b}''$. Parallele zu $2'$–$2'$ durch $\bar{b}'$; auf ihr Punkt $\bar{c}'$ unter $\bar{c}''$.

(3) Zeichnung wie unter (2), jedoch mit Annahme eines anderen Ausgangs-Punktes $\bar{\bar{b}}''$ (statt $\bar{b}''$) auf der Parallelen zu $1''$–$1''$. Ergebnis: Punkte $\bar{\bar{b}}''$, $\bar{\bar{c}}''$ im Aufriß, Punkte $\bar{\bar{b}}'$, $\bar{\bar{c}}'$ im Grundriß.

(4) Im Grundriß: Gerade c–c durch $\bar{c}'$ und $\bar{\bar{c}}'$.

(5) Im Grundriß: Parallele zu $3'$–$3'$ durch u'; ihr Schnittpunkt mit c–c: Punkt c'. Parallele zu $2'$–$2'$ durch c', Parallele zu $1'$–$1'$ durch v', Schnittpunkt beider: Punkt b'.

Im Aufriß: Parallele zu $3''$–$3''$ durch u''; auf ihr Punkt c'' über c'. Parallele zu $2''$–$2''$ durch c''; auf ihr Punkt b'' über b'.

[1]) Auf die Herleitung des Verfahrens kann hier nicht eingegangen werden.

(6) In die Seiten der Vierecke $u''v''b''c''$ und $u'v'b'c'$ eintragen: Pfeile gemäß dem durch $\mathfrak{P}''$ bzw. $\mathfrak{P}'$ gegebenen Umfahrungssinn; damit gefunden: Grundriß und Aufriß des räumlichen Kräftevierecks, gebildet aus $\mathfrak{P}, \mathfrak{A}_1, \mathfrak{A}_2, \mathfrak{A}_3$. Abschließend: Ermittlung der wahren Größen von $\mathfrak{A}_1, \mathfrak{A}_2, \mathfrak{A}_3$.

2. Beispiele 2a bis c (s. Bild 23 mit Variante 24)

a) Sonderfall Bild 23

Eine Konstruktion sei lt. Bild 23 in zwei Punkten l und r gefesselt, und zwar mit 3 Wegfesseln parallel x, y, z in l, 2 Wegfesseln parallel y und z in r, 1 Drehfessel parallel x in l.

Die Einheitsvektoren der Fessellinien sollen gleichen Richtungssinn besitzen wie die ihnen parallelen Koordinatenachsen lt. Bild 23: Komponenten also teils 1, teils Null.

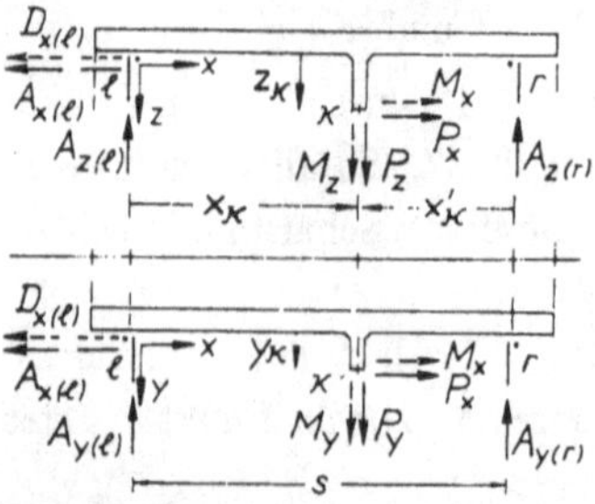

Bild 23. Mit 5 Weg- und einer Drehfessel angeschlossene Konstruktion

Die Konstruktion sei belastet mit (eingeprägten) Kräften $\mathfrak{P}_\varkappa$ (Komponenten $P_{x(\varkappa)}, P_{y(\varkappa)}, P_{z(\varkappa)}$) sowie mit (eingeprägten) Kräftepaaren, von denen nur die Momente $\mathfrak{M}_\varkappa$ (Komponenten $M_{x(\varkappa)}, M_{y(\varkappa)}, M_{z(\varkappa)}$) gegeben seien. Der Einfachheit halber wird im folgenden (s. Bild 23) kurz von Kräften $P_{x(\varkappa)}, \ldots$ und Momenten $M_{x(\varkappa)}, \ldots$ gesprochen.

Die Beträge der Reaktionskräfte sowie des Reaktionsmomentes werden — wie Komponenten — mit $A_{x(l)}, A_{y(l)}, A_{z(l)}, A_{y(r)}, A_{z(r)}, D_{x(l)}$ bezeichnet. Zu ihrer Berechnung werden nacheinander aufgestellt:

die Gleichung „P_x" laut Tafel 2 oder 5,

die Gleichungen „$M_{z(r)}$", „$M_{y(r)}$" lt. Tafel 5 bezüglich zweier durch r gehender Achsen, deren Einheitsvektoren parallel und gleichsinnig $+z$ und $+y$ sind,

die Gleichungen „M_z", „M_y" und „M_x" lt. Tafel 3 (bzw. „$M_{z(l)}$", „$M_{y(l)}$", „$M_{x(l)}$" lt. Tafel 5) bezüglich Achsen, die durch l gehen und deren Einheitsvektoren parallel und gleichsinnig $+z$, $+y$, $+x$ sind.

Diese Gleichungen lauten:

$$-A_{x(l)} + \sum_{\varkappa} P_{x(\varkappa)} = 0, \tag{44a}$$

$$A_{y(l)} s + \sum_{\varkappa} \{-P_{x(\varkappa)} y_{\varkappa} - P_{y(\varkappa)} x'_{\varkappa} + M_{z(\varkappa)}\} = 0, \tag{44b}$$

$$-A_{z(l)} s + \sum_{\varkappa} \{P_{x(\varkappa)} z_{\varkappa} + P_{z(\varkappa)} x'_{\varkappa} + M_{y(\varkappa)}\} = 0, \tag{44c}$$

$$-A_{y(r)} s + \sum_{\varkappa} \{-P_{x(\varkappa)} y_{\varkappa} + P_{y(\varkappa)} x_{\varkappa} + M_{z(\varkappa)}\} = 0, \tag{44d}$$

$$A_{z(r)} s + \sum_{\varkappa} \{P_{x(\varkappa)} z_{\varkappa} - P_{z(\varkappa)} x_{\varkappa} + M_{y(\varkappa)}\} = 0, \tag{44e}$$

$$-D_{x(l)} + \sum_{\varkappa} \{-P_{y(\varkappa)} z_{\varkappa} + P_{z(\varkappa)} y_{\varkappa} + M_{x(\varkappa)}\} = 0. \tag{44f}$$

Die Gleichungen 44 können lt. folgendem auch unmittelbar aus Bild 23 abgelesen werden; zu diesem Zweck sind eingezeichnet:

(1) an einer Stelle $\varkappa$ der Konstruktion mit positiven Koordinaten $x_{\varkappa}, y_{\varkappa}, z_{\varkappa}$ und positivem $x'_{\varkappa} = s - x_{\varkappa}$ (d. h. mit $x_{\varkappa} < s$): positive Kräfte $P_{x(\varkappa)}, P_{y(\varkappa)}, P_{z(\varkappa)}$ sowie positive Momente $M_{x(\varkappa)}, M_{y(\varkappa)}, M_{z(\varkappa)}$,

(2) an den Angriffsstellen der Fesseln: positive Reaktionskräfte $A_{x(l)}, A_{y(l)}, \ldots$ und ein positives Reaktionsmoment $D_{x(l)}$.

Die Gegenüberstellung der Gleichungen 44 mit Bild 23 zeigt:

Die Gleichung 44a (Gleichung „P_x") enthält

die Reaktionskraft $A_{x(l)}$ mit Zeichen $-$: $A_{x(l)}$ weist im Bild entgegen $+x$, die eingeprägte Kraft $P_{x(\varkappa)}$ mit Zeichen $+$: $P_{x(\varkappa)}$ weist im Sinne $+x$.

Die Gleichung 44b (Gleichung „$M_{z(r)}$") enthält

das Moment $A_{y(l)}s$ mit Zeichen $+$: $A_{y(l)}$ dreht im Bild im positiven Drehsinn xy um die durch r gehende Bezugsachse (parallel z),

die Momente $P_{x(\varkappa)}y_\varkappa$ und $P_{y(\varkappa)}x'_\varkappa$ mit Zeichen $-$: $P_{x(\varkappa)}$ und $P_{y(\varkappa)}$ drehen im Bild entgegen dem positiven Drehsinn xy um die durch r gehende Bezugsachse (parallel z),

das Moment $M_{z(\varkappa)}$ mit Zeichen $+$: $M_{z(\varkappa)}$ dreht im Bild im positiven Drehsinn xy.

Usf.

Die Gleichung 44f (Gleichung „M_x") enthält

das Reaktionsmoment $D_{x(l)}$ mit Zeichen $-$: $D_{x(l)}$ dreht im Bild entgegen dem positiven Drehsinn yz,

das Moment $P_{y(\varkappa)}z_\varkappa$ mit Zeichen $-$: $P_{y(\varkappa)}$ dreht im Bild entgegen dem positiven Drehsinn yz um die durch l gehende Bezugsachse (parallel x),

das Moment $P_{z(\varkappa)}y_\varkappa$ mit Zeichen $+$: $P_{z(\varkappa)}$ dreht im Bild im positiven Drehsinn yz um die durch l gehende Bezugsachse (parallel x),

das Moment $M_{x(\varkappa)}$ mit Zeichen $+$: $M_{x(\varkappa)}$ dreht im Bild im positiven Drehsinn yz.

b) Sonderfall Bild 24

Bei der voranstehend behandelten Konstruktion sei die zu z parallele Fessel an der Stelle r durch eine schräge Fessel parallel der Ebene zx ersetzt: Fessellinie 5–5 mit Einheitsvektor $\mathfrak{e}_5$ lt. Bild 24. Die in ihr wirkende Fesselkraft $\mathfrak{A}_5$ hat dann bezüglich x und z die Komponenten

$$A_{x(5)} = A_5 e_{x(5)}, \tag{45a}$$

$$A_{z(5)} = A_5 e_{z(5)}. \tag{45b}$$

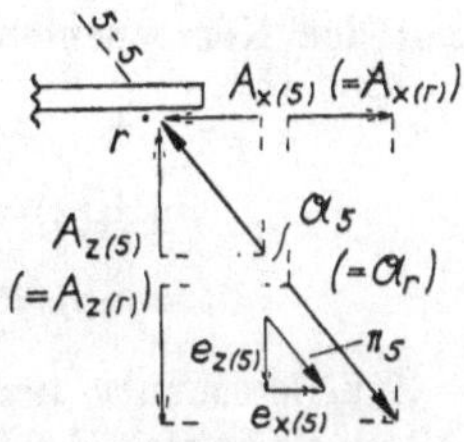

Bild 24
Variante zu Bild 23: eine Wegfessel schräg

Zur Berechnung der Fessellasten wird vorübergehend so getan, als ob statt der Fessel 5 an der Stelle r zwei Fesseln parallel x und z vorlägen und darin gedachte Fesselkräfte $A_{x(r)}$ $(=A_{x(5)})$ und $A_{z(r)}$ $(=A_{z(5)})$ wirkten. An die Stelle der Gleichung 44a (Gleichung „P_x") tritt dann

$$-A_{x(l)} - A_{x(r)} + \sum_{\varkappa} P_{x(\varkappa)} = 0, \quad (46)$$

während die übrigen Gleichungen 44b, ... f unverändert bleiben.

Aus letzteren ergeben sich die Fessellasten $A_{y(l)}$, $A_{z(l)}$, $A_{y(r)}$, $D_{x(l)}$ wie in Abschnitt II G 2a, ferner die gedachte Fesselkraft $A_{z(r)}$ $(=A_{z(5)})$. Mit letzterer ergibt sich aus Gleichung 45b:

$$A_5 = \frac{A_{z(r)}}{e_{z(5)}};$$

mit A_5 folgt aus Gleichung 45a die gedachte Fesselkraft $A_{x(r)} (= A_{x(5)})$. Gleichung 46 liefert schließlich:

$$A_{x(l)} = -A_{x(r)} + \sum_{\varkappa} P_{x(\varkappa)}.$$

c) Weiterer Sonderfall

Bei der in Abschnitt II G 2a behandelten Konstruktion seien beide Fesseln an der Stelle r schräg gerichtet: Fessellinien 4—4 und 5—5, Einheitsvektoren $\mathfrak{e}_4$, $\mathfrak{e}_5$. Die in ihnen wirkenden Fesselkräfte $\mathfrak{A}_4$ und $\mathfrak{A}_5$ bilden dann eine resultierende Fesselkraft

$$\mathfrak{A}_r = A_4 \mathfrak{e}_4 + A_5 \mathfrak{e}_5$$

mit den Komponenten

$$A_{x(r)} = A_4 e_{x(4)} + A_5 e_{x(5)}, \tag{47a}$$

$$A_{y(r)} = A_4 e_{y(4)} + A_5 e_{y(5)}, \tag{47b}$$

$$A_{z(r)} = A_4 e_{z(4)} + A_5 e_{z(5)}. \tag{47c}$$

Zur Berechnung der Fessellasten wird vorübergehend so getan, als ob statt der Fesseln 4 und 5 an der Stelle r 3 Fesseln parallel x, y, z vorlägen und darin gedachte Fesselkräfte vom Betrage der Komponenten $A_{x(r)}$, $A_{y(r)}$, $A_{z(r)}$ wirkten. Wie in Abschnitt II G 2b tritt dann an die Stelle der Gleichung 44a die Gleichung 46 und bleiben die übrigen Gleichungen 44b, ... f unverändert. Aus letzteren ergeben sich die Fessellasten $A_{y(l)}$, $A_{z(l)}$, $D_{x(l)}$ wie in Abschnitt II G 2a, ferner die gedachten Fesselkräfte $A_{y(r)}$ und $A_{z(r)}$.

Die Fesselkräfte A_4 und A_5 ergeben sich dann aus den beiden Gleichungen 47b und c.

Die gedachte Fesselkraft $A_{x(r)}$ ergibt sich (mit A_4 und A_5) aus Gleichung 47a; abschließend ergibt sich die Fesselkraft $A_{x(l)}$ aus Gleichung 46.

Wird die Fesselung an der Stelle r – gleichbedeutend mit dem Voranstehenden – als Weg-Verschieblichkeit, parallel einem Einheitsvektor $\bar{e}$, beschrieben („Linienführung", s. Bild 10e), so ist damit ausgesprochen, daß von $\mathfrak{A}_r$ die Komponente $\mathfrak{A}_r\bar{e}$ gleich Null ist, d. h.:

$$A_{x(r)}\,\bar{e}_x + A_{y(r)}\,\bar{e}_y + A_{z(r)}\,\bar{e}_z = 0. \tag{48}$$

Wiederum gilt Gleichung 46 und bleiben die Gleichungen 44b, ... f unverändert. Aus letzteren ergeben sich wiederum die Fessellasten $A_{y(l)}$, $A_{z(l)}$, $D_{x(l)}$, ferner die gedachten Fesselkräfte $A_{y(r)}$ und $A_{z(r)}$. Anschließend ergibt sich $A_{x(r)}$ aus Gleichung 48 und damit $A_{x(l)}$ aus Gleichung 46.

H. Prinzip der virtuellen Verrückungen

Statt nach den Gleichungen 35, 36 und ihren Abwandlungen können Fesselkräfte und Fesselmomente auch in folgender Weise ermittelt werden:

Nur eine Wegfessel, z. B. mit der Fessellinie 1—1, oder nur eine Drehfessel, z. B. mit der Fessellinie I—I, wird zerschnitten, und an ihrer Stelle wird die von ihr auf die Konstruktion ausgeübte Reaktionskraft $\mathfrak{A}_1$ bzw. das von ihr ausgeübte Reaktionsmoment $\mathfrak{D}_I$ (mit zunächst unbekanntem positivem Betrag A_1 bzw. D_I wirkend) angenommen. Der durch das Zerschneiden der Fessel beweglich gewordenen Konstruktion wird eine kleine, mit den noch vorhandenen Fesseln verträgliche Verschiebung erteilt gedacht: sog. virtuelle Verrückung (s. Bild 25). Die Angriffspunkte der an der Konstruktion wirkenden Lasten beschreiben dabei Wege $\mathfrak{w}^v$ und Drehungen $\bar{\varphi}^v$.

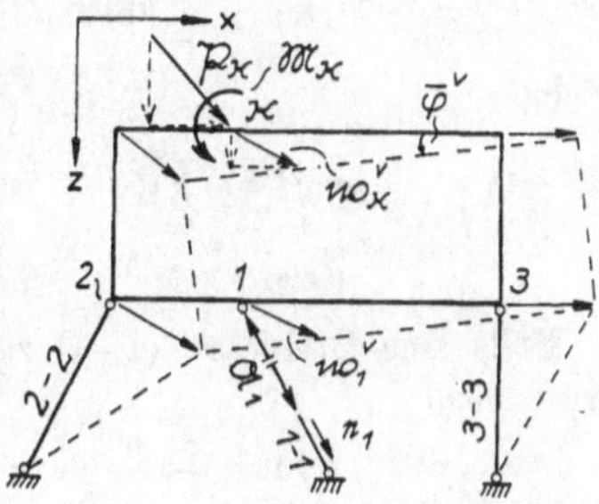

Bild 25. Virtuelle Verrückung

Da an der Konstruktion Gleichgewicht herrscht, ist die von den Fessellasten (Reaktionen) und eingeprägten Lasten bei der virtuellen Verrückung insgesamt geleistete „virtuelle Arbeit" gleich Null (Prinzip der virtuellen Verrückungen[1]).

Bei der virtuellen Verrückung können die Stellen der Konstruktion, an denen nicht zerschnittene Wegfesseln anschließen, nur Wege $\mathfrak{w}^v$ senkrecht zu den betreffenden Wegfessel-Linien (sowie Drehungen) ausführen; desgl. können

[1]) Aus der Mechanik als bekannt vorausgesetzt; s. z. B. W. Müller, Dynamik I; Sammlung Göschen, Bd. 902.

Stellen, an denen nicht zerschnittene Drehfesseln anschließen, nur Drehungen $\overline{\varphi}^v$ um Achsen senkrecht zu den betreffenden Drehfessel-Linien (sowie Wege) ausführen. — Die von nicht zerschnittenen Fesseln auf den Körper ausgeübten Fessellasten (Reaktionen) leisten daher bei der virtuellen Verrückung keine Arbeiten.

Falls eine Wegfessel (1—1) zerschnitten wurde, gilt also[1])

$$-\mathfrak{A}_1 \overset{v}{\mathfrak{w}}_1 + \sum_{\varkappa} \mathfrak{P}_\varkappa \overset{v}{\mathfrak{w}}_\varkappa + \sum_{\varkappa} \mathfrak{M}_\varkappa \overline{\varphi}^v = 0 \qquad (49\,\text{a})$$

oder

$$-A_1 \overset{v}{w}_{1(1)} + \sum_{\varkappa} \{P_{x(\varkappa)} \overset{v}{w}_{x(\varkappa)} + P_{y(\varkappa)} \overset{v}{w}_{y(\varkappa)} + P_{z(\varkappa)} \overset{v}{w}_{z(\varkappa)}$$

$$+ M_{x(\varkappa)} \overset{v}{\varphi}_x + M_{y(\varkappa)} \overset{v}{\varphi}_y + M_{z(\varkappa)} \overset{v}{\varphi}_z\} = 0. \qquad (49\,\text{b})$$

Falls eine Drehfessel (I—I) zerschnitten wurde, gilt entsprechend

$$-\mathfrak{D}_{\mathrm{I}} \overset{v}{\overline{\varphi}}_{\mathrm{I}} + \sum_{\varkappa} \mathfrak{P}_\varkappa \overset{v}{\mathfrak{w}}_\varkappa + \sum_{\varkappa} \mathfrak{M}_x \overline{\varphi}^v = 0 \qquad (50\,\text{a})$$

oder

$$-D_{\mathrm{I}} \overset{v}{\varphi}_{\mathrm{I(I)}} + \sum_{\varkappa} \{P_{x(\varkappa)} \overset{v}{w}_{x(\varkappa)} + P_{y()\varkappa} \overset{v}{w}_{y(\varkappa)} + P_{z(\varkappa)} \overset{v}{w}_{z(\varkappa)}$$

$$+ M_{x(\varkappa)} \overset{v}{\varphi}_x + M_{y(\varkappa)} \overset{v}{\varphi}_y + M_{z(\varkappa)} \overset{v}{\varphi}_z\} = 0. \qquad (50\,\text{b})$$

Für eine der in Gleichung 49b bzw. 50b auftretenden Verschiebungskomponenten kann ein bestimmter Betrag angenommen werden. Alle weiteren Weg- und Drehungskomponenten ergeben sich dann aus rein geometrischen Überlegungen. Die zur zerschnittenen Fessel gehörende Fessellast (Betrag A_1 bzw. D_{I}) kann dann nach Gleichung 49b bzw. 50b berechnet werden.

---

[1]) Virtuelle Arbeit = inneres Produkt aus Kraft und virtuellem Weg bzw. aus Moment und virtueller Drehung. — Negatives Vorzeichen bei $\mathfrak{A}_1$, weil die Reaktionskraft $\mathfrak{A}_1$, mit positivem Betrag eingeführt, entgegen dem Einheitsvektor $\mathfrak{e}_1$ (und damit entgegen einem Weg $\mathfrak{w}_1$ mit positivem Betrag) weist.

Diese Berechnungsweise ist allerdings nur dann sinnvoll, wenn die Ermittlung der Weg- und Drehungs-Komponenten zu der virtuellen Verrückung auf Grund einfacher geometrischer Betrachtungen erfolgen kann. Das ist stets der Fall, wenn die Konstruktion so gefesselt ist, daß alle bei der virtuellen Verrückung auftretenden Wege und Drehungen in einer Ebene liegen. (Beispiele dazu s. in Abschnitt III D.)

Die voranstehenden Ausführungen können leicht dahingehend erweitert werden, daß gleichzeitig mehrere Fesseln zerschnitten werden.

III. Stab

A. Allgemeines

1. Vorbemerkungen

Ein Bauteil wird als Stab bezeichnet, wenn sein Baumaterial in der Umgebung einer Linie angeordnet ist und seine Abmessungen senkrecht zu dieser Linie als klein gegenüber der Linien-Länge angesehen werden (s. Bild 26). Eine Linie, um die herum das Baumaterial eines Stabes so angeordnet ist, daß sie jede zu ihr senkrechte Schnittfläche des Stabes in deren Flächenschwerpunkt schneidet, wird im folgenden „Systemlinie" des Stabes genannt; die zu ihr senkrechten Schnittflächen des Stabes werden als „Querschnittsflächen" bezeichnet.

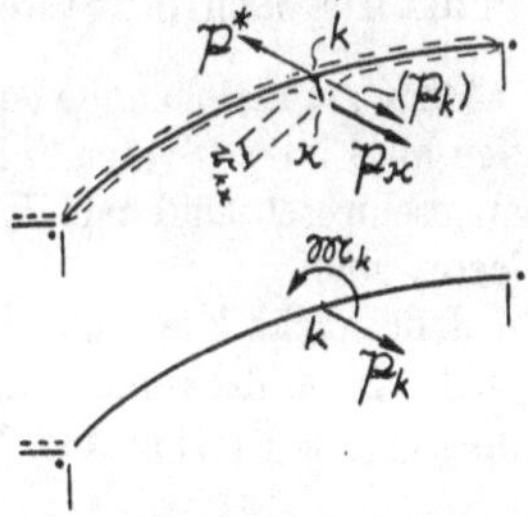

Bild 26. Systemlinie

Greift an einer Stelle $\varkappa$ des Stabes, außerhalb der Systemlinie, eine Kraft $\mathfrak{P}$ an, so wird von folgender Vorstellung Gebrauch gemacht:

In dem Punkt k der Systemlinie, welcher der Stelle $\varkappa$ am nächsten liegt, werden noch zwei entgegengesetzt gleiche Kräfte $\mathfrak{P}_k$ und $\mathfrak{P}^*$ angenommen, und zwar (s. Bild 26)

$$\mathfrak{P}_k = \mathfrak{P}_\varkappa, \quad \mathfrak{P}^* = -\mathfrak{P}_\varkappa.$$

Statt zu sagen, an der Stelle $\varkappa$ wirke die Kraft $\mathfrak{P}_\varkappa$, wird dann gesagt, am Punkt k wirke:

die Kraft $\mathfrak{P}_k (= \mathfrak{P}_\varkappa)$ sowie

das Moment $\mathfrak{M}_k$ des von $\mathfrak{P}_\varkappa$ und $\mathfrak{P}^*$ gebildeten Kräftepaares, also das Moment der Kraft $\mathfrak{P}_\varkappa$ bezüglich des Punktes k (s. Gleichung 27, 28):

$$\mathfrak{M}_k = \mathfrak{M}_k^P = [\mathfrak{r}_{k\varkappa} \, \mathfrak{P}_\varkappa],$$

wobei $\mathfrak{r}_{k\varkappa}$ die von k nach $\varkappa$ gerichtete Strecke ist; diese wird bedarfsweise als abzweigender Ast der Systemlinie veranschaulicht.

Greift bei $\varkappa$ ein Kräftepaar an, von dem nur das Moment $\mathfrak{M}$ gegeben ist, so wird nach ähnlichen Überlegungen gesagt, am Punkt k (s. oben) der Systemlinie wirke das Moment $\mathfrak{M}_k (= \mathfrak{M})$.

Dem Voranstehenden entsprechend werden Stäbe im folgenden als Linien (Systemlinien) wiedergegeben, die mit Fesseln angeschlossen und mit Kräften $\mathfrak{P}_k$ und Momenten $\mathfrak{M}_k$ belastet sind.

Jede solche Kraft $\mathfrak{P}_k$, desgl. jedes Moment $\mathfrak{M}_k$, kann dabei auch als resultierende Kraft bzw. resultierendes Moment von mehreren Kräften und Momenten aufgefaßt werden.

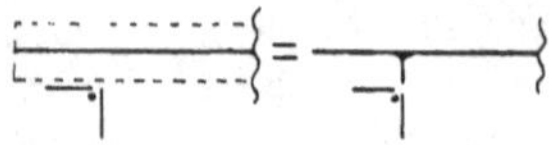

Bild 27. Anschluß außerhalb der Systemlinie

Ist eine Fessel an einer Stelle des Stabes außerhalb seiner Systemlinie angeschlossen (s. Bild 27), so wird die Strecke vom Fessel-Anschlußpunkt bis zum nächstliegenden Punkt der Systemlinie wieder bedarfsweise als abzweigender Ast der Systemlinie veranschaulicht.

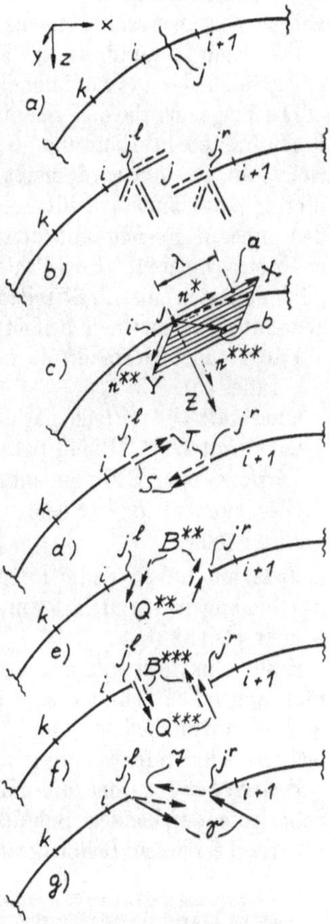

Bild 28
Innere Fesseln, Schnittlasten

2. Schnittlasten

Wird ein irgendwie belasteter Stab in zwei Abschnitte unterteilt gedacht (s. Bild 28a), so kann jeweils der eine Abschnitt als am anderen gefesselt gelten (s. Bild 28b), und zwar durch 3 (innere) Wegfesseln und 3 (innere) Drehfesseln (es sei denn, daß an der Trennstelle j eine Verschieblichkeit [z. B. ein Gelenk] liegt und sich damit die Anzahl der daselbst anzunehmenden inneren Fesseln erniedrigt, vgl. Bild 10). Wenn nichts anderes vermerkt ist, wird über diese (inneren) Fesseln folgendermaßen verfügt (s. Bild 28b, c):

Sie liegen dort, wo die Systemlinie die Schnittflächen durchsetzt; ihre Wirkungslinien seien parallel den Achsen eines örtlichen Koordinatensystems X, Y,

Z[1]), dessen Ursprung in j liegt und dessen Achsen parallel der Systemlinien-Tangente sowie den beiden Hauptträgheitsachsen der Querschnittsfläche bei j sind.

Die Einheitsvektoren im Sinne $+X, +Y, +Z$ werden $\mathfrak{e}^*$ (parallel der Systemlinien-Tangente), $\mathfrak{e}^{**}$, $\mathfrak{e}^{***}$ genannt.

Dasjenige der beiden Schnittufer (s. Bild 28b), das beim Fortschreiten in Richtung $+X$, d. h. im Pfeilsinn von $\mathfrak{e}^*$, zuerst angetroffen wird, heißt im folgenden „linkes Schnittufer" j^l, das andere heißt „rechtes Schnittufer" j^r. Die von den inneren Fesseln auf den einzelnen Stababschnitt ausgeübten (inneren) Fessellasten werden zusammenfassend „Schnittlasten" bzw. „Schnittkräfte" und „Schnittmomente" genannt; im einzelnen heißen sie (s. Bild 28d, e, f):

Längs- oder Normalkraft oder auch Stabkraft (Pfeile parallel $\mathfrak{e}^*$),
Querkraft Q^{**} (Pfeile parallel $\mathfrak{e}^{**}$),
Querkraft Q^{***} (Pfeile parallel $\mathfrak{e}^{***}$),
Torsions- oder Drillmoment T (Pfeile parallel $\mathfrak{e}^*$),
Biegemoment B^{**} (Pfeile parallel $\mathfrak{e}^{**}$),
Biegemoment B^{***} (Pfeile parallel $\mathfrak{e}^{***}$)[2]).

Jede am linken Schnittufer wirkende Schnittlast ist der gleichnamigen Schnittlast am rechten Schnittufer entgegengesetzt gleich[3]).

Eine Schnittlast gilt als positiv, wenn der sie darstellende Pfeil am linken Schnittufer j^l im Sinne $+X$ bzw. $+Y$ bzw. $+Z$, d. h. im Pfeilsinn von $\mathfrak{e}^*$, $\mathfrak{e}^{**}$ bzw. $\mathfrak{e}^{***}$, und somit am rechten Schnittufer j^r entgegen $\mathfrak{e}^*$, $\mathfrak{e}^{**}$, $\mathfrak{e}^{***}$ weist.

Bedarfsweise werden die am linken, desgl. die am rechten Schnittufer wirkenden Schnittkräfte bzw. Schnittmomente zur resultierenden Schnittkraft $\mathfrak{S}$ (mit den Komponenten

---

[1]) Rechtwinkliges Rechts-Koordinatensystem.

[2]) In der Praxis wird für Biegemomente wie für die Beträge von (äußeren) Einzelmomenten das Zeichen M verwendet.

[3]) Dabei ist unterstellt, daß zwischen den Schnittufern nicht noch andere Kräfte oder Momente eingeleitet werden.

S, Q^{**}, Q^{***}) bzw. zum resultierenden Schnittmoment $\mathfrak{T}$ (mit den Komponenten T, B^{**}, B^{***}) zusammengefaßt (s. Bild 28g).

Soweit die Einheitsvektoren e^*, e^{**}, e^{***} parallel und gleichsinnig den Richtungen x, y, z des ortsunabhängigen Koordinatensystems sind (s. Bild 33), werden die Schnittlasten ggf. mit S, Q_y, Q_z, T, B_y, B_z bezeichnet.

3. Aufgabenstellung (auch zu Bd. II und III)

In den folgenden Ausführungen werden Stäbe und aus Stäben aufgebaute Systeme, sog. Stabwerke, behandelt. Gezeigt wird die Ermittlung der Schnittlasten, die unter der Einwirkung von eingeprägten Lasten (u. U. auch von Temperatur- und anderen Einflüssen) auftreten. Ferner wird die Ermittlung der Formänderung von Stäben und Stabwerken behandelt, die infolge der Formänderungseigenschaften des Baustoffs unter den genannten Einflüssen zustande kommt.

Wie bereits an verschiedenen Stellen des Vorangegangenen wird im folgenden Wortlaut auch dann von Lasten (Kräften, Momenten) und Verschiebungen (Drehungen, Wegen) gesprochen, wenn es sich nur um deren Beträge handelt, es sei denn, daß eine genauere Ausdrucksweise zur Vermeidung von Mißverständnissen erforderlich ist.

B. Gerader Stab

1. Elementarstab

a) Vorbemerkungen

Ein gerader Stab sei nach Bild 29 an zwei Stellen l und r seiner Systemlinie gefesselt: sog. „Balken oder Träger auf zwei Stützen". Die Hauptträgheitsachsen seiner Querschnittsflächen (Achsen Y und Z lt. Abschnitt III A 2) seien parallel und gleichsinnig den Achsen y und z eines ortsunabhängigen Koordinatensystems, dessen Achse x mit der Systemlinie des Stabes zusammenfällt.

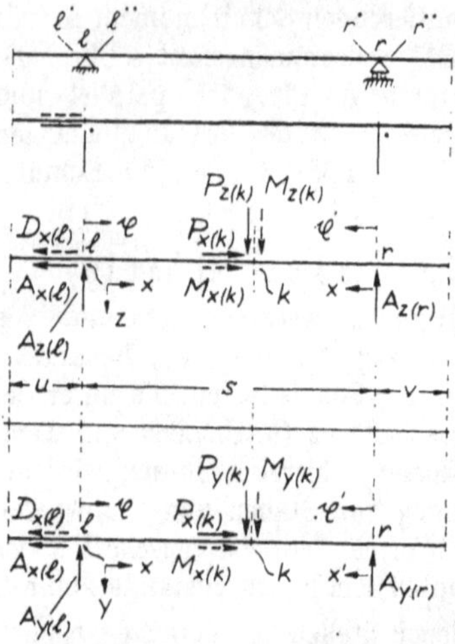

Bild 29. Gerader Elementarstab

Ein solcher Stab wird im folgenden wegen seiner grundlegenden Bedeutung für alle weiteren Ausführungen als „Elementarstab" bezeichnet. Außer den Abszissen x, von l aus gemessen, werden Abszissen x', von r aus gemessen, eingeführt: $x' = s - x$ (s. Bild 29).

Wenn ausgesprochen werden soll, daß eine Stelle der Konstruktion eine Last-Angriffsstelle ist, werden ihre Abszissen mit $\mathfrak{x}$ und $\mathfrak{x}'$ $(= s - \mathfrak{x})$ bezeichnet (s. Bild 29).

Bedarfsweise werden die Abszissen gelegentlich auch von den Stab-Enden 0 und n aus gemessen und dann durch einen Querstrich gekennzeichnet: $\bar{x}, \bar{x}'$; $\bar{\mathfrak{x}}, \bar{\mathfrak{x}}'$ (s. Bild 32, 33).

b) Fessellasten

α) Allgemeine Beziehungen

Statt „Beträge der Fessellasten" wird fortan kurz gesagt: „Fessellasten" bzw. „Fesselkräfte", „Fesselmomente" oder auch, dem allgemeinen Sprachgebrauch entsprechend: „Auflagerkräfte", „Einspannmomente".

Der Elementarstab ist ein Sonderfall des in Abschnitt II G 2a behandelten Systems. Seine Fessellasten ergeben sich daher aus den Gleichungen 44:

$$A_{x(l)} = \sum_k P_{x(k)}, \tag{51a}$$

$$A_{y(l)} = \frac{1}{s} \sum_k \{P_{y(k)} \mathfrak{x}_k' - M_{z(k)}\}, \tag{51b}$$

$$A_{z(l)} = \frac{1}{s} \sum_k \{P_{z(k)} \mathfrak{x}_k' + M_{y(k)}\}, \tag{51c}$$

$$A_{y(r)} = \frac{1}{s} \sum_k \{P_{y(k)} \mathfrak{x}_k + M_{z(k)}\}, \tag{51d}$$

$$A_{z(r)} = \frac{1}{s} \sum_k \{P_{z(k)} \mathfrak{x}_k - M_{y(k)}\}, \tag{51e}$$

$$D_{x(l)} = \sum_k M_{x(k)}, \tag{51f}$$

$\sum_k$ erstreckt über die eingeprägten Lasten.

Sind die dem Stab eingeprägten Lasten **linienhaft** verteilt:

$\mathfrak{p}(\mathfrak{x})$ [kg/cm], $\mathfrak{m}(\mathfrak{x})$ [kgcm/cm],

so können (s. Bild 30) die von ihnen auf ein Element $d\mathfrak{x}$ ausgeübten Anteile als unendlich kleine Einzellasten $\mathfrak{p}(\mathfrak{x})\,d\mathfrak{x}$, $\mathfrak{m}(\mathfrak{x})\,d\mathfrak{x}$ aufgefaßt werden. In den Gleichungen 51 treten dann an die Stelle von $P_{x(k)}$, $P_{y(k)}, \ldots M_{z(k)}$ die Ausdrücke $p_x(\mathfrak{x})\,d\mathfrak{x}$, $p_y(\mathfrak{x})\,d\mathfrak{x}, \ldots m_z(\mathfrak{x})\,d\mathfrak{x}$, und aus den Summen werden Integrale, die sich über den Bereich der linienhaft verteilten Belastung erstrecken (s. Tafel 6, S. 65).

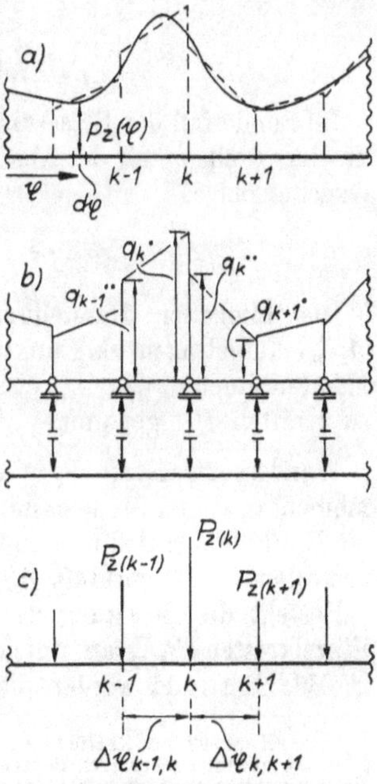

Bild 30. Ersatz linienhaft verteilter Kräfte $p_z(\mathfrak{x})$ durch Einzelkräfte P_z

Soweit eine linienhaft verteilte Belastung nicht in Gestalt von bequem integrierbaren Ausdrücken gegeben ist, empfiehlt es sich, sie durch eine Gruppe von Einzellasten $P_{x(k)}$, $P_{y(k)}$, $P_{z(k)}$ bzw. $M_{x(k)}$, $M_{y(k)}$, $M_{z(k)}$ an geeigneten Stellen $k = 0, 1, \ldots n$ der Systemlinie zu ersetzen. Dazu wird (s. Bild 30) die linienhaft verteilte Belastung, z. B. $p_z(\mathfrak{x})$, im Bereich jedes einzelnen Abschnitts $k-1$, k durch eine ausgleichende Gerade $q(\mathfrak{x})$ mit den Abschnitts-Endordinaten q_{k-1}. und q_k. ersetzt, und es gilt z. B.:

$$P_{z(k)} = \frac{1}{6}\{\Delta\mathfrak{x}_{k-1,k}(q_{k-1}.. + 2q_k.) + \Delta\mathfrak{x}_{k,k+1}(2q_k.. + q_{k+1}.)\}\,^{1)} \qquad (52)$$

β) Einflußlinien

Im Sonderfall der Belastung durch eine Einzelkraft $P_z = 1$ an einer Stelle m mit der Abszisse $\mathfrak{x}$ (s. Bild 31a) gilt nach den Gleichungen 51c, e:

$$A_{z(l);\,m} = 1 \cdot \frac{\mathfrak{x}'}{s}, \quad A_{z(r);\,m} = 1 \cdot \frac{\mathfrak{x}}{s}. \qquad (53)$$

Die bildlichen Darstellungen dieser Ausdrücke, d. h. $A_{z;\,m}$, aufgetragen als Funktion von $\mathfrak{x}$ (s. Bild 31a), werden „Einflußlinien $A_{z(l);\,m}$, $A_{z(r);\,m}$ der Auflagerkräfte $A_{z(l)}$ bzw. $A_{z(r)}$ zu Kräften P_z“ genannt.

Wandert die Kraft $P_z = 1$ über den Stab und steht sie momentan an der Stelle m mit der Abszisse $\mathfrak{x}$, so kennzeichnet die Einflußlinien-Ordinate unter m die bei dieser Laststellung auftretende Auflagerkraft $A_{z(l);\,m}$ bzw. $A_{z(r);\,m}$.

Besteht die Belastung des Stabes aus einer Gruppe von Einzelkräften $P_{z(k)}$ an irgendwelchen Stellen k des Stabes (s. Bild 31b) und werden die zu diesen Stellen gehörenden

---

[1]) Soweit es sich um Kräfte senkrecht zur Systemlinie handelt, läßt sich dieser Ersatz folgendermaßen deuten: Es wird angenommen, die Belastung $q(\mathfrak{x})$ wirke nicht am Stab selbst, sondern an Zwischenträgern nach Bild 30b. Z. B. $P_{z(k)}$ bedeutet dann die Summe der beiden Aktionskräfte, die von den Zwischenträgern $k-1$, k und k, $k+1$ auf die Stelle k des Stabes ausgeübt werden.

Ordinaten der Einflußlinie mit η_k bezeichnet, so gilt z. B. für $A_{z(l)}$:

$$A_{z(l)} = \sum_k P_{z(k)} \eta_k. \tag{54}$$

Entsprechendes gilt für $A_{z(r)}$.

Mittels der Einflußlinien und ihrer „Auswertung" nach Gleichung 54 können die Auflagerkräfte für jede beliebige Stellung eines „Lastenzuges" mit Kräften $P_{z(k)}$ mühelos ermittelt werden. Ferner läßt sich an Hand der Einflußlinien leicht feststellen, bei welchen Stellungen eines Lastenzuges die größten positiven und negativen Beträge der Auflagerkräfte auftreten.

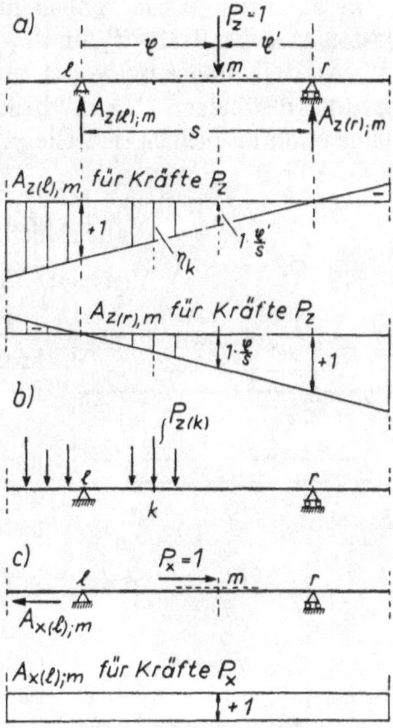

Bild 31
Einflußlinien der Auflagerkräfte

Greift am Stab eine linienhaft verteilte Belastung $p_z(\mathfrak{x})$ an (s. Bild 30), so kann der auf ein Element $d\mathfrak{x}$ wirkende Lastanteil wieder als unendlich kleine Einzelkraft $p_z(\mathfrak{x})\, d\mathfrak{x}$ aufgefaßt werden, und es gilt z. B. für die Auflagerkraft $A_{z(l)}$ (s. Gleichung 54):

$$A_{z(l)} = \int p_z(\mathfrak{x})\, \eta(\mathfrak{x})\, d\mathfrak{x}, \tag{55}$$

d. h.: Die Auflagerkräfte ergeben sich als Flächeninhalte von Kurven $p_z(\mathfrak{x})\, \eta(\mathfrak{x})$ (sofern es nicht vorgezogen wird, die linienhaft verteilte Belastung $p_z(\mathfrak{x})$ von vornherein in eine Gruppe von Einzelkräften lt. Gleichung 52 aufzuteilen und die zugehörigen Auflagerkräfte dann nach Gleichung 54 zu berechnen).

In ähnlicher Weise können die Einflußlinien der Fessellasten auch für Kräfte P_x und P_y sowie für Momente M_x, M_y, M_z ermittelt und ausgewertet werden: Betrachtung von Belastungszuständen „$P_x = 1$" bzw. „$P_y = 1$", „$M_x = 1$", ..., momentan an beliebiger Stelle m der Systemlinie wirkend (s. z. B. Bild 31c).

c) Schnittlasten

α) Allgemeine Beziehungen

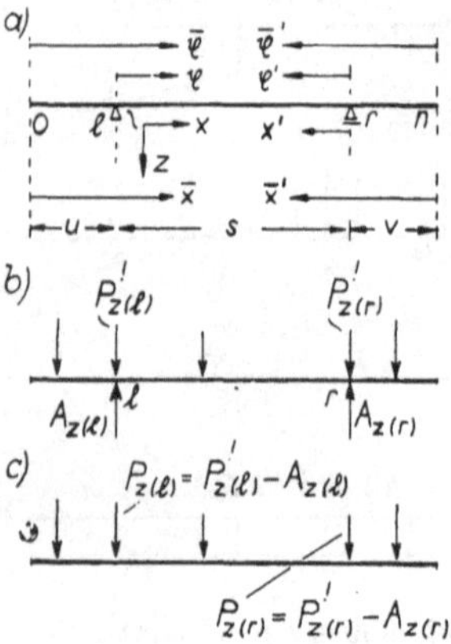

Bild 32
Koordinaten und Entfesselung

Zur Berechnung der Schnittlasten (s. Abschnitt III A 2) wird angenommen, der Stab sei von den Fesseln abgeschnitten und an Stelle der Fesseln seien die vorher berechneten Fessellasten (Reaktionskräfte $A_{x(l)}$, ... $A_{z(r)}$, Reaktionsmoment $D_{x(l)}$) am Stab angebracht: sog. „Entfesselung" des Stabes (s. Bild 32b, Fessellasten mit positivem Betrag eingetragen).

Die folgenden Betrachtungen zur Schnittlasten-Berechnung werden am entfesselten Stab vorgenommen.

Wirken an den Stellen l oder r auch noch eingeprägte Lasten (s. Bild 32b), so seien diese ausnahmsweise mit $P^!_{x(l)}$, ... $P^!_{z(l)}$, $M^!_{x(l)}$, ... bezeichnet. — Als Lasten $P_{x(l)}$, ... $P_{z(l)}$, $M_{x(l)}$, ...

(ohne den Zeiger „!") gelten dann (s. Bild 32c)

$$\begin{aligned} P_{x(l)} &= -A_{x(l)} + P^!_{x(l)}\,, \ \ldots,\ P_{z(l)} = -A_{z(l)} + P^!_{z(l)}\,, \\ M_{x(l)} &= -D_{x(l)} + M^!_{x(l)}\,, \ \ldots \end{aligned} \tag{56}$$

Wirken an den Stellen l oder r keine eingeprägten Lasten, so gilt also

$$\begin{aligned} P_{x(l)} &= -A_{x(l)}, \ \ldots, \ P_{z(l)} = -A_{z(l)}, \\ M_{x(l)} &= -D_{x(l)}, \ \ldots \end{aligned} \tag{57}$$

Bei Betrachtungen am entfesselten Stab bleibt es sich gleich, ob eine irgendwo an ihm wirkende Last $P_{x(l)}, \ldots P_{z(l)}$, $M_{x(l)}, \ldots$ aus einer Fessel herrührt oder ob es sich um eine der eingeprägten Lasten handelt. Die am entfesselten Stab wirkenden Lasten werden daher, gleichgültig ob sie aus Fesseln herrühren oder ob es sich um eingeprägte Lasten handelt, zusammenfassend als „äußere Lasten" („äußere Kräfte, äußere Momente") bezeichnet. — Wenn beim entfesselten Stab von Last-Angriffsstellen gesprochen wird, so sind darunter sowohl die Angriffsstellen der eingeprägten Lasten als auch die der Fessellasten zu verstehen (es sei denn, daß ausdrücklich etwas anderes vermerkt ist).

Für die nächsten Betrachtungen ist es überwiegend vorteilhaft, wenn die Abszissen nicht mehr von den Stellen l und r aus, sondern vom linken bzw. vom rechten Ende des Stabes aus gemessen werden: $\bar{x}, \bar{x}', \bar{\mathfrak{x}}, \bar{\mathfrak{x}}'$ (s. Bild 32a, 33). Bedarfsweise wird aber später wieder zu den alten Abszissen $x, x', \mathfrak{x}, \mathfrak{x}'$ zurückgekehrt:

$$\begin{aligned} x &= \bar{x} - u, \quad & x' &= \bar{x}' - v, \\ \mathfrak{x} &= \bar{\mathfrak{x}} - u, \quad & \mathfrak{x}' &= \bar{\mathfrak{x}}' - v\,. \end{aligned} \tag{58}$$

Zur Berechnung der Schnittlasten an einer Stelle j, die zwischen zwei aufeinander folgenden Last-Angriffsstellen i und $i + 1$ liege (s. Bild 33), wird der (entfesselte) Stab an der

Stelle j durch einen Schnitt in zwei „Teilstäbe" zerlegt gedacht. Als Ersatz für die damit zerschnittenen inneren Fesseln bei j (s. Abschnitt III A 2) werden die (zunächst noch unbekannten) 6 Schnittlasten $S_{(j)}, \ldots B_{z(j)}$ an den Schnittufern bei j eingetragen (s. Bild 33), und zwar mit positivem Vorzeichen lt. Abschnitt III A 2. Sie werden dann als zusätzliche äußere Lasten an den Teilstäben aufgefaßt, und zwar (s. Bild 33):

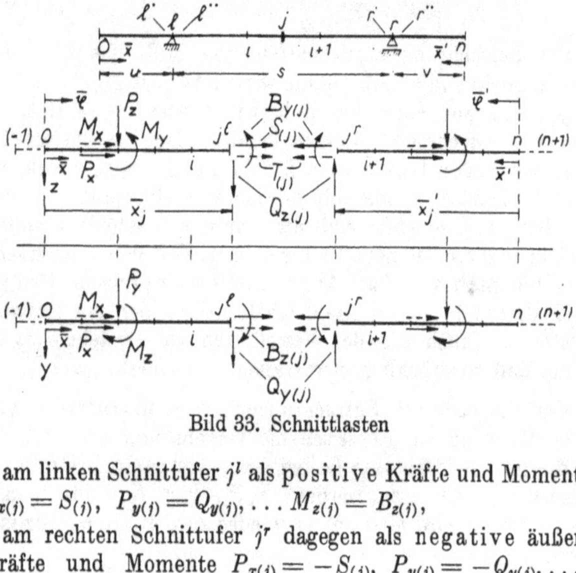

Bild 33. Schnittlasten

am linken Schnittufer j^l als positive Kräfte und Momente $P_{x(j)} = S_{(j)}$, $P_{y(j)} = Q_{y(j)}, \ldots M_{z(j)} = B_{z(j)}$,

am rechten Schnittufer j^r dagegen als negative äußere Kräfte und Momente $P_{x(j)} = -S_{(j)}$, $P_{y(j)} = -Q_{y(j)}, \ldots M_{z(j)} = -B_{z(j)}$.

Zu ihrer Berechnung werden analog dem in Abschnitt II D Ausgeführten die Gleichgewichtsbedingungen des linken oder des rechten Teil-Stabes aufgestellt. Indem dabei lt. Voranstehendem für alle äußeren Kräfte das Zeichen $\mathfrak{P}$, für alle äußeren Momente das Zeichen $\mathfrak{M}$ verwendet wird, lautet die Kräfte-Gleichgewichtsbedingung:

$$\bar{\Sigma}\,\mathfrak{P} = 0, \tag{59}$$

die Momenten-Gleichgewichtsbedingung bezüglich des Punktes $o = j$:

$$\bar{\Sigma}\,\mathfrak{M}_j^P + \bar{\Sigma}\,\mathfrak{M} = 0, \tag{60}$$

$\bar{\Sigma}$ erstreckt über die am entfesselten Teilstab wirkenden äußeren Kräfte bzw. Momente einschließlich der die Schnittlasten am Schnittufer bei j wiedergebenden.

Werden diese Gleichgewichtsbedingungen z. B. für den linken Teilstab in Komponenten bezüglich x, y, z angeschrieben, so ergibt sich

$$\Sigma_l P_x + P_{x(j)} = \Sigma_l P_x + S_{(j)} = 0$$

usw.,

wobei sich Σ_l über die äußeren Lasten des linken Teilstabes erstreckt, ausgenommen diejenigen, welche die Schnittlasten bei j^l wiedergeben.

Insgesamt ergeben sich auf diese Weise am linken Teilstab folgende Ausdrücke:

$$S_{(j)} = -\Sigma_l P_x, \tag{61a}$$

$$Q_{y(j)} = -\Sigma_l P_y, \tag{61b}$$

$$Q_{z(j)} = -\Sigma_l P_z, \tag{61c}$$

$$T_{(j)} = -\Sigma_l M_x, \tag{61d}$$

$$B_{y(j)} = -\Sigma_l\{P_z(\bar{x}_j - \mathfrak{x}) + M_y\}, \tag{61e}$$

$$B_{z(j)} = -\Sigma_l\{-P_y(\bar{x}_j - \mathfrak{x}) + M_z\}, \tag{61f}$$

Σ_l erstreckt über die äußeren Lasten an den Stellen 0 bis i des Teilstabes links von j (einschließlich derjenigen, die aus Fesseln im Bereich 0 bis i herrühren).

In entsprechender Weise ergibt sich (mit zahlenmäßig gleichem Ergebnis) am rechten Teilstab:

$$S_{(j)} = \Sigma_r P_x, \tag{62a}$$

$$Q_{y(j)} = \Sigma_r P_y, \tag{62b}$$

$$Q_{z(j)} = \Sigma_r P_z, \tag{62c}$$

$$T_{(j)} = \Sigma_r M_x, \tag{62d}$$

$$B_{y(j)} = \Sigma_r \{- P_z (\bar{x}_j' - \mathfrak{x}') + M_y\}, \tag{62e}$$

$$B_{z(j)} = \Sigma_r \{P_y (\bar{x}_j' - \mathfrak{x}') + M_z\}, \tag{62f}$$

Σ_r erstreckt über die äußeren Lasten an den Stellen $i + 1$ bis n des Teilstabes rechts von j (einschließlich derjenigen, die aus Fesseln im Bereich $i + 1$ bis n herrühren).

Die Gleichungen 61, 62 werden „Summenformeln für die Schnittlasten" genannt; sie können, ähnlich wie in Abschnitt II G 2a für die Fessellasten dargelegt, auch unmittelbar aus Bild 33 abgelesen werden.

Indem die Beträge S, Q, T, B längs der Systemlinie aufgetragen werden (s. Bild 34), ergeben sich die sog. „Zustandslinien" des Stabes: Längskraft- oder Normalkraft- oder Stabkraftlinie $S(\bar{x})$, Querkraftlinien $Q_y(\bar{x}), Q_z(\bar{x})$, Torsionsmomenten- oder Drillmomentenlinie $T(\bar{x})$, Biegemomentenlinien $B_y(\bar{x}), B_z(\bar{x})$.

Für alle Stellen j zwischen zwei aufeinanderfolgenden Last-Angriffsstellen i und $i + 1$ sind die Schnittlasten S, Q_y, Q_z, T konstant längs $\bar{x}$; daher kann statt $S_{(j)}, Q_{y(j)}, Q_{z(j)}, T_{(j)}$ geschrieben werden: $S_{(i,i+1)}, Q_{y(i,i+1)}, Q_{z(i,i+1)}, T_{(i,i+1)}$.

An den Last-Angriffsstellen, z. B. an der Stelle i (s. Bild 34), springen die Beträge dieser Schnittlasten beim Fortschreiten im Sinne $+ x$ um den Betrag $- P_{x(i)}$ bzw. $- P_{y(i)}, - P_{z(i)}, - M_{x(i)}$.

B_y und B_z dagegen ändern sich im allgemeinen zwischen zwei aufeinander folgenden Last-Angriffsstellen i und $i + 1$, und zwar geradlinig längs $\bar{x}$. An Momenten-Angriffsstellen, z. B. an einer Stelle i, springen sie um den Betrag $-M_{y(i)}$ bzw. $-M_{z(i)}$. — Im folgenden werden die Biegemomente unmittelbar links von i mit $B_{y(i^{\cdot})}$, $B_{z(i^{\cdot})}$, unmittelbar rechts von i mit $B_{y(i^{\cdot\cdot})}$, $B_{z(i^{\cdot\cdot})}$ bezeichnet.

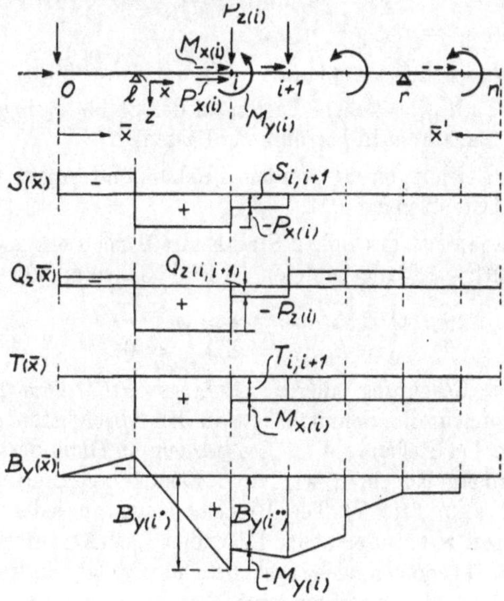

Bild 34. Zustandslinien

Aus den Gleichungen 61 folgt:

$$S_{(i,\,i+1)} - S_{(i-1,\,i)} = -P_{x(i)} \tag{63}$$

oder[1])

$$S_{(i,\,i+1)} = S_{(i-1,\,i)} - P_{x(i)}, \tag{64a}$$

[1]) Die Formeln 64a, ... e', f' können auch anschaulich aus den Gleichgewichtsbedingungen eines kleinen, die Stelle i enthaltenden Stababschnittes hergeleitet werden, die Formeln 64e'', f'' entsprechend aus den Gleichgewichtsbedingungen des Abschnitts $i^{\cdot}\,i,+1^{\cdot}$.

ferner
$$Q_{y(i,i+1)} = Q_{y(i-1,i)} - P_{y(i)}, \tag{64b}$$
$$Q_{z(i,i+1)} = Q_{z(i-1,i)} - P_{z(i)}, \tag{64c}$$
$$T_{(i,i+1)} = T_{(i-1,i)} - M_{x(i)}, \tag{64d}$$
$$B_{y(i^{\cdot\cdot})} = B_{y(i^{\cdot})} - M_{y(i)}, \tag{64e'}$$
$$B_{y(i+1^{\cdot})} = B_{y(i^{\cdot})} + Q_{z(i,i+1)}(\bar{x}_{i+1} - \bar{x}_i) - M_{y(i)}, \tag{64e''}$$
$$B_{z(i^{\cdot\cdot})} = B_{z(i^{\cdot})} - M_{z(i)}, \tag{64f'}$$
$$B_{z(i+1^{\cdot})} = B_{z(i^{\cdot})} - Q_{y(i,i+1)}(\bar{x}_{i+1} - \bar{x}_i) - M_{z(i)}, \tag{64f''}$$

$P_{x(i)}, \ldots M_{z(i)} =$ äußere Lasten an der Stelle i (eingeprägte und ggf. aus Fesseln herrührende Lasten).

Die Gleichungen 64 werden „Rekursionsformeln für die Schnittlasten" genannt[1]).

Wird jenseits des linken Stab-Endes 0 noch ein gedachter Abschnitt $-1{,}0$ angenommen (s. Bild 33), so gilt für diesen:

$$\begin{aligned} S_{(-1,0)} &= Q_{y(-1,0)} = Q_{z(-1,0)} = 0, \\ T_{(-1,0)} &= B_{y(0^{\cdot})} \;\; = B_{z(0^{\cdot})} \;\; = 0. \end{aligned} \tag{65}$$

Unter Beachtung dieser „Anfangswerte" vom Betrage Null können die Schnittlasten in den Abschnitten $i, i+1$ bzw. an den Stellen $\ldots i^{\cdot}, i^{\cdot\cdot}, \ldots$ bequem an Hand der Rekursionsformeln berechnet werden („Rekurrente" Berechnung; Schema s. in Tafel 7). Die Biegemomente an jeder Stelle j zwischen zwei aufeinander folgenden Last-Angriffsstellen i und $i+1$ ergeben sich anschließend zufolge ihres geradlinigen Verlaufes zwischen den Stellen $i^{\cdot\cdot}$ und $i+1^{\cdot}$.

Aus den Rekursionsformeln für die Biegemomente können noch Ausdrücke der folgenden Art[2]) entwickelt werden:

$$\frac{B_{y(i+1^{\cdot})} - B_{y(i^{\cdot})}}{\bar{x}_{i+1} - \bar{x}_i} - \frac{B_{y(i^{\cdot})} - B_{y(i-1^{\cdot})}}{\bar{x}_i - \bar{x}_{i-1}} = -P_{z(i)} - \left(\frac{M_{y(i)}}{\bar{x}_{i+1} - \bar{x}_i} - \frac{M_{y(i-1)}}{\bar{x}_i - \bar{x}_{i-1}}\right). \tag{66}$$

[1]) Oder auch: „Differenzengleichungen 1. Ordnung für die Schnittlasten".
[2]) „Differenzengleichungen 2. Ordnung für die Biegemomente".

Aus den Gleichungen 51c, 51e (vgl. Bild 29):

$$A_{z(\ell)} = \frac{1}{s}\int_{\xi=-u}^{\xi=s+v} p_z(\xi)(s-\xi)\,d\xi, \quad A_{z(r)} = \frac{1}{s}\int_{\xi=-u}^{\xi=s+v} p_z(\xi)\,\xi\,d\xi .$$

Aus den Gleichungen 61c, 61e (vgl. Bild 33):

im Bereich		
$0 \leqq \bar{x} \leqq \bar{x}_{\ell\cdot}$:	$Q(\bar{x}) = -\int_0^{\bar{x}} p_z(\bar{\xi})\,d\bar{\xi}$	$B(\bar{x}) = -\int_0^{\bar{x}} p_z(\bar{\xi})(\bar{x}-\bar{\xi})\,d\bar{\xi}$
$\bar{x}_{\ell\cdot\cdot} \leqq \bar{x} \leqq \bar{x}_{r\cdot}$:	$Q(\bar{x}) = -\int_0^{\bar{x}} p_z(\bar{\xi})\,d\bar{\xi} + A_{z(\ell)}$	$B(\bar{x}) = -\int_0^{\bar{x}} p_z(\bar{\xi})(\bar{x}-\bar{\xi})\,d\bar{\xi} + A_{z(\ell)}(\bar{x}-u)$
$\bar{x}_{r\cdot\cdot} \leqq \bar{x} \leqq \bar{x}_n$:	$Q(\bar{x}) = -\int_0^{\bar{x}} p_z(\bar{\xi})\,d\bar{\xi} + A_{z(\ell)} + A_{z(r)}$	$B(\bar{x}) = -\int_0^{\bar{x}} p_z(\bar{\xi})(\bar{x}-\bar{\xi})\,d\bar{\xi} + A_{z(\ell)}(\bar{x}-u) + A_{z(r)}\{\bar{x}-(u+s)\}$
(Kontrolle:	$Q(\bar{x}=\bar{x}_n) = 0$	$B(\bar{x}=\bar{x}_n) = 0$)

Aus Gl. 64c, 64e: $\dfrac{dQ(\bar{x})}{d\bar{x}} = -p_z(\bar{x}), \qquad \dfrac{dB(\bar{x})}{d\bar{x}} = Q(\bar{x})$

mit folgenden Nebenbedingungen (s. Gl. 65, vgl. Bild 33):

im Bereich		
$0 \leqq \bar{x} \leqq \bar{x}_{\ell\cdot}$:	$Q(\bar{x}=0) = 0$	$B(\bar{x}=0) = 0$
$\bar{x}_{\ell\cdot\cdot} \leqq \bar{x} \leqq \bar{x}_{r\cdot}$:	$Q(\bar{x}=x_{\ell\cdot\cdot}) = A_{z(\ell)} + Q(\bar{x}_{\ell\cdot})$ *)	$B(\bar{x}=\bar{x}_{\ell\cdot\cdot}) = B(\bar{x}_{\ell\cdot})$ *)
$\bar{x}_{r\cdot\cdot} \leqq \bar{x} \leqq \bar{x}_n$:	$Q(\bar{x}=\bar{x}_{r\cdot\cdot}) = A_{z(r)} + Q(\bar{x}_{r\cdot})$ **)	$B(\bar{x}=\bar{x}_{r\cdot\cdot}) = B(\bar{x}_{r\cdot})$ **)
(Kontrolle:	$Q(\bar{x}=\bar{x}_n) = 0$	$B(\bar{x}=\bar{x}_n) = 0$)

Aus Gl. 66: $\dfrac{d^2B}{d\bar{x}^2} = -p_z(\bar{x})$ *mit folgenden Nebenbedingungen:*

im Bereich	im Bereich
$0 \leqq \bar{x} \leqq \bar{x}_{\ell\cdot}$: …… $B(\bar{x}=0)=0$,	$\bar{x} \leqq \bar{x} \leqq \bar{x}_n$: ……… $B(\bar{x}=\bar{x}_n)=0$,
$\dfrac{dB(\bar{x}=0)}{d\bar{x}}\left(=Q(\bar{x}=0)\right) = 0.$	$\dfrac{dB(\bar{x}=\bar{x}_n)}{d\bar{x}}\left(=Q(\bar{x}=\bar{x}_n)\right) = 0.$

im Bereich $\bar{x}_{\ell\cdot\cdot} \leqq \bar{x} \leqq \bar{x}_{r\cdot}$:

$$B(\bar{x}=\bar{x}_{\ell\cdot\cdot}) = B(\bar{x}=\bar{x}_{\ell\cdot}), \qquad B(\bar{x}=\bar{x}_{r\cdot}) = B(\bar{x}=x_{r\cdot\cdot}). \quad ***)$$

---

*) $Q(\bar{x}_{\ell\cdot})$, desgl. $B(\bar{x}=\bar{x}_{\ell\cdot})$, bekannt aus dem Bereich $0 \leqq \bar{x} \leqq \bar{x}_{\ell\cdot}$.

**) $Q(\bar{x}_{r\cdot})$, desgl. $B(\bar{x}=\bar{x}_{r\cdot})$, bekannt aus dem Bereich $\bar{x}_{\ell\cdot\cdot} \leqq \bar{x} \leqq \bar{x}_{r\cdot}$.

***) $B(\bar{x}_{r\cdot\cdot})$ bekannt aus dem Bereich $\bar{x}_{r\cdot\cdot} \leqq \bar{x} \leqq \bar{x}_n$.

Tafel 6. Bei linienhaft verteilter Belastung $p_z(\mathfrak{x})$ aus den Gleichungen 51, 61, 64, 66 hervorgehende Integralausdrücke und Differentialgleichungen

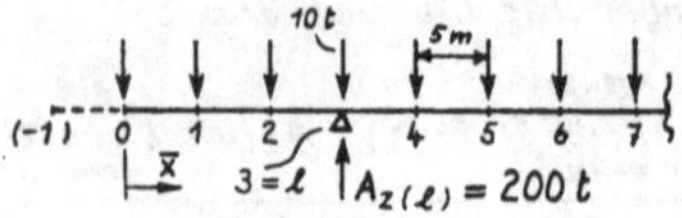

i	$-P_{z(i)}$	$Q_{z(i,i+1)}$	$\bar{x}_{i+1}-\bar{x}_i$	$Q_{z(i,i+1)}(\bar{x}_{i+1}-\bar{x}_i)$	$B_{y(i)}$
(−1)	/				0
		0	/	0	
0	−10				0
		−10	5	−50	
1	−10				−50
		−20	5	−100	
2	−10				−150
		−30	5	−150	
3 = ℓ	*) +190				−300
		+160	5	+800	
4	−10				+500
		+150	5	+750	

*) $P_{z(l)} = (P^{!}_{z(3)} - A_{z(l)})$ (s. Gl. 56).

Tafel 7. Rekursionsschema zur Berechnung der Schnittlasten zu eingeprägten Kräften P_z

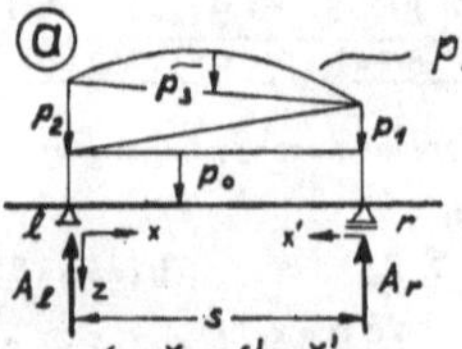

$$p_z = p_0 + p_1\,\xi + p_2\,\xi' + p_3\,4\,\xi\,\xi'$$

$$A_\ell = \frac{p_0 s}{2} + \frac{p_1 s}{6} + \frac{p_2 s}{3} + \frac{p_3 s}{3},$$

$$A_r = \frac{p_0 s}{2} + \frac{p_1 s}{3} + \frac{p_2 s}{6} + \frac{p_3 s}{3}.$$

$$\xi = \frac{x}{s}, \quad \xi' = \frac{x'}{s}$$

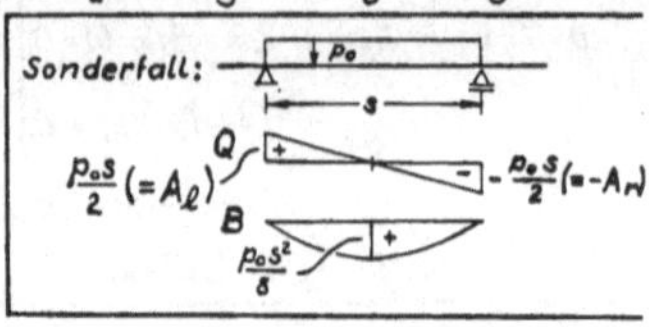

links von ℓ und rechts von r gilt:
$Q = 0, \; B = 0;$

zwischen ℓ und r gilt:

$$Q = \frac{p_0 s}{2}(1-2\xi) + \frac{p_1 s}{6}(1-3\xi^2) + \frac{p_2 s}{6}(2-6\xi+3\xi^2) + \frac{p_3 s}{3}(1-6\xi^2+4\xi^3),$$

$$B = \frac{p_0 s^2}{2}(\xi-\xi^2) + \frac{p_1 s^2}{6}(\xi-\xi^3) + \frac{p_2 s^2}{6}(2\xi-3\xi^2+\xi^3) + \frac{p_3 s^2}{3}(\xi-2\xi^3+\xi^4).$$

Tafel 8a, b, c. Querkräfte und Biegemomente

(b) $p_z = p_0 + p_1 \bar{\xi} + p_2 (1 - \bar{\xi}) + p_3 \bar{\xi}^2$

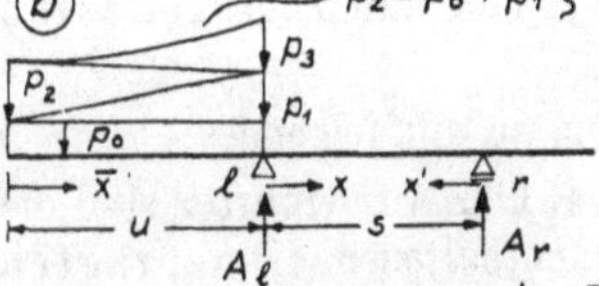

$$A_\ell = \frac{p_0 u}{2}\left(2 + \frac{u}{s}\right) + \frac{p_1 u}{6}\left(3 + \frac{u}{s}\right) + \frac{p_2 u}{6}\left(3 + 2\frac{u}{s}\right) + \frac{p_3 u}{12}\left(4 + \frac{u}{s}\right),$$

$$A_r = -\frac{p_0 u}{2}\cdot\frac{u}{s} - \frac{p_1 u}{6}\cdot\frac{u}{s} - \frac{p_2 u}{3}\cdot\frac{u}{s} - \frac{p_3 u}{12}\cdot\frac{u}{s}$$

$$\xi' = \frac{x'}{s}, \quad \bar{\xi} = \frac{\bar{x}}{u}$$

Links von ℓ gilt:

$$Q = -p_0 u \bar{\xi} - \frac{p_1 u}{2}\bar{\xi}^2 + \frac{p_2 u}{2}(-2\bar{\xi} + \bar{\xi}^2) - \frac{p_3 u}{3}\bar{\xi}^3,$$

$$B = -\frac{p_0 u^2}{2}\bar{\xi}^2 - \frac{p_1 u^2}{6}\bar{\xi}^2 + \frac{p_2 u^2}{6}(-3\bar{\xi}^2 + \bar{\xi}^3) - \frac{p_3 u^2}{12}\bar{\xi}^4;$$

zwischen ℓ und r gilt:

$$Q = -A_r, \quad B = A_r s \cdot \xi';$$

rechts von r gilt:

$$Q = 0, \quad B = 0.$$

Sonderfall:

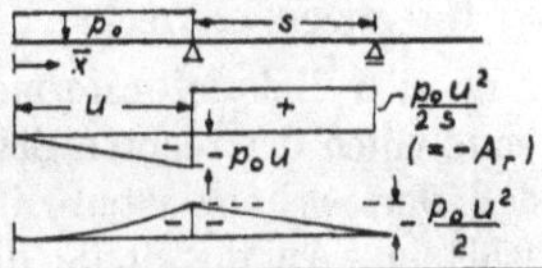

(c) $p_z = p_0 + p_1 \bar{\xi}' + p_2 (1 - \bar{\xi}') + p_3 \bar{\xi}'^2$

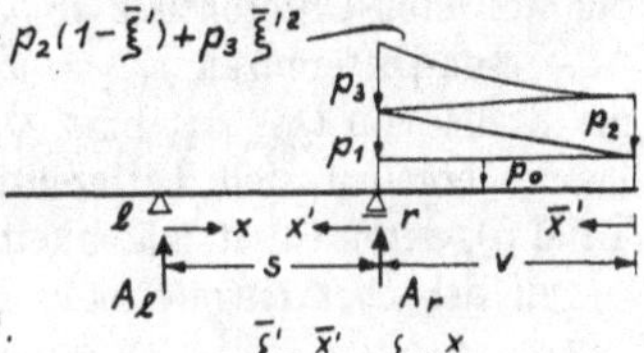

$$A_\ell = -\frac{p_0 v}{2}\cdot\frac{v}{s} - \frac{p_1 v}{6}\cdot\frac{v}{s} - \frac{p_2 v}{3}\cdot\frac{v}{s} - \frac{p_3 v}{12}\cdot\frac{v}{s},$$

$$A_r = \frac{p_0 v}{2}\left(2 + \frac{v}{s}\right) + \frac{p_1 v}{6}\left(3 + \frac{v}{s}\right) + \frac{p_2 v}{6}\left(3 + 2\frac{v}{s}\right) + \frac{p_3 v}{12}\left(4 + \frac{v}{s}\right).$$

$$\bar{\xi}' = \frac{\bar{x}'}{v}, \quad \xi = \frac{x}{s}.$$

Rechts von r gilt:

$$Q = p_0 v \bar{\xi}' + \frac{p_1 v}{2}\bar{\xi}'^2 - \frac{p_2 v}{2}(-2\bar{\xi}' + \bar{\xi}'^2) - \frac{p_3 v}{3}\xi'^3$$

$$B = -\frac{p_0 v^2}{2}\bar{\xi}'^2 - \frac{p_1 v^2}{6}\bar{\xi}'^2 + \frac{p_2 v^2}{6}(-3\bar{\xi}'^2 + \bar{\xi}'^3) - \frac{p_3 v^2}{12}\xi'^4$$

Sonderfall:

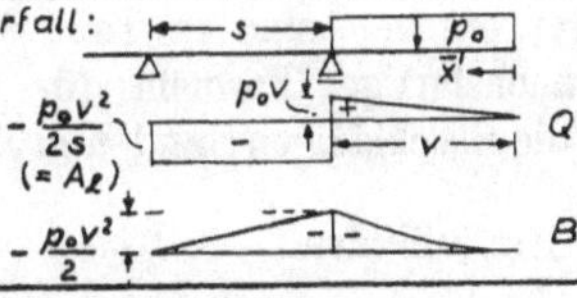

zwischen ℓ und r gilt:

$$Q = A_\ell, \quad B = A_\ell s \cdot \xi;$$

links von ℓ gilt:

$$Q = 0, \quad B = 0.$$

bei einfachen Belastungsfällen $p_z(\mathfrak{x})$

Ist die eingeprägte Belastung linienhaft verteilt, so können die Gleichungen 61 bis 66 unverändert benutzt werden, sofern die Belastung lt. Abschnitt III B 1bα durch Einzellasten ersetzt wird.

Soll letzteres nicht geschehen, so gilt folgendes:

Analog dem in Abschnitt III B 1bα Ausgeführten sind die in den Summenformeln 61, 62 enthaltenen eingeprägten Lasten P, M durch $p(\mathfrak{x})\,d\mathfrak{x}$, $m(\mathfrak{x})\,d\mathfrak{x}$ zu ersetzen. (Die Fessellasten bleiben unverändert als Einzellasten stehen.) – Z. B. in den Ausdrücken Σ_l werden dann diejenigen Anteile der Summen, die sich über Glieder mit dem Faktor $d\mathfrak{x}$ erstrecken, zu Integralen, erstreckt von $\mathfrak{x} = 0$ bis $\mathfrak{x} = \overline{x}_j$ (s. Tafel 6).

In den Rekursionsformeln 64 wird zunächst jeweils das erste Glied der rechten Seite auf die linke Seite gebracht, so daß dort Schnittlasten-Differenzen wie in Gleichung 63 erscheinen. An die Stelle dieser Differenzen treten dann die Schnittlasten-Differentiale dS, dQ_y, . . ., und an die Stelle der Abszissen-Differenzen $\overline{x}_{i-1} - \overline{x}_i$ treten Differentiale $d\overline{x}$. An die Stelle von $Q_{y(i,\,i+1)}$ bzw. $Q_{z(i,\,i+1)}$ tritt $Q_y(\overline{x})$ bzw. $Q_z(\overline{x})$. Damit ergeben sich Differentialgleichungen 1. Ordnung (s. Tafel 6), deren Gesetzmäßigkeit jedoch an den Stellen l und r wegen der dort eingeleiteten Fessellasten unterbrochen ist.

An die Stelle der Gleichungen 66 treten Differentialgleichungen 2. Ordnung (s. Tafel 6).

Einige gebrauchsfertige Formeln, die sich für naheliegende Belastungsfälle aus den so gewonnenen Integralausdrücken und Differentialgleichungen ergeben, sind in Tafel 8a bis c zusammengestellt. Gebrauchsfertige Formeln für weitere Belastungsfälle enthalten die einschlägigen Hand- und Taschenbücher.

β) Einflußlinien

Zur Ermittlung der Einflußlinien der Schnittlasten bei j ist analog dem in Abschnitt III B 1bβ Dargelegten der

Sonderfall einer wandernden Einzellast zu betrachten, die sich momentan an der beliebigen Stelle m der Systemlinie befindet (s. Bild 35). Dabei ist zu beachten, ob die wandernde Last momentan auf dem linken oder auf dem rechten Teilstab steht.

Ausdrücke für die zu jeder Laststellung gehörenden Schnittlasten ergeben sich aus Gleichgewichtsbetrachtungen am linken oder am rechten Teilstab, wie sie zu den Gleichungen 61, 62 führten. Natürlich können die sich ergebenden Ausdrücke auch unmittelbar aus diesen Gleichungen entnommen werden.

So ergeben sich z. B. aus der Betrachtung einer wandernden Einzelkraft $P_z = 1$ die folgenden Ausdrücke $Q_{z(j);\,m}$, $B_{y(j);\,m}$, deren Darstellung lt. Bild 35 die gesuchten „Einflußlinien der Querkraft und des Biegemomentes an der Stelle j zu Kräften P_z" wiedergeben. Je nach bequemster Darstellungsmöglichkeit werden dabei teils die Abszissen $\mathfrak{x}$, $\mathfrak{x}'$, x_j, x_j', teils die Abszissen $\bar{\mathfrak{x}}$, $\bar{\mathfrak{x}}'$, $\bar{x}_j$, $\bar{x}_j'$ verwendet (s. Bild 32a).

Einflußlinien der Schnittlasten an einer Stelle j zwischen l und r (s. Bild 35a)

Wenn $\mathfrak{x} < x_j$ [1]: | wenn $\mathfrak{x} > x_j$ [2]:

$$Q_{z(j);\,m} = -A_{z(r);\,m} \quad \text{bzw.} \quad = A_{z(l);\,m}, \tag{67a}$$

$$B_{y(j);\,m} = A_{z(r);\,m} \cdot x_j' \quad \text{bzw.} \quad = A_{z(l);\,m} \cdot x_j. \tag{67b}$$

Diese Einflußlinien ergeben sich also aus Abschnitten der Einflußlinien $A_{z(r);\,m}$ und $A_{z(l);\,m}$ (s. Bild 31a), indem deren Ordinaten mit -1 bzw. $+1$, mit x_j bzw. x_j multipliziert werden (s. die Eintragungen in Bild 35a).

---

[1]) **Wandernde Kraft links von j; s. die Gleichungen 62c bzw. e für den Teilstab rechts von j.**

[2]) **Wandernde Kraft rechts von j; s. die Gleichungen 61c bzw. e für den Teilstab links von j.**

Einflußlinien der Schnittlasten an einer Stelle j auf dem linken „Kragarm" (s. Bild 35b)

Wenn $\mathfrak{x} < \bar{x}_j$ [1]): | wenn $\mathfrak{x} > \bar{x}_j$ [1]):

$$Q_{z(j);\,m} = -1 \quad \text{bzw.} \quad = 0, \tag{68a}$$

$$B_{y(j);\,m} = -1(\bar{x}_j - \mathfrak{x}) \quad \text{bzw.} \quad = 0. \tag{68b}$$

Einflußlinien der Schnittlasten an einer Stelle j auf dem rechten „Kragarm" (s. Bild 35c)

Wenn $\mathfrak{x} < \bar{x}_j$, ($\mathfrak{x}' > \bar{x}'_j$) [2]): | wenn $\mathfrak{x} > \bar{x}_j$, ($\mathfrak{x}' < \bar{x}'_j$) [2]):

$$Q_{z(j);\,m} = 0 \quad \text{bzw.} \quad = 1, \tag{69a}$$

$$B_{y(j);\,m} = 0 \quad \text{bzw.} \quad = -1(\bar{x}'_j - \mathfrak{x}'). \tag{69b}$$

Zur Auswertung und Bedeutung dieser Einflußlinien gilt Gleiches, wie im Abschnitt III B 1 bβ ausgeführt.

Ähnlich können auch die Einflußlinien der Schnittlasten zu Kräften P_x, P_y sowie zu Momenten M_x, M_y, M_z ermittelt werden.

2. Andere Stäbe

a) Mittelbar belasteter Stab

Wirkt die Belastung an einem Stab „mittelbar", d. h. an „Zwischenträgern" $i^{\cdot\cdot}, i+1^{\cdot}$ nach Bild 36, so bestehen die am Stab selbst angreifenden Lasten aus den Aktionskräften dieser Zwischenträger. Wirkt z. B. eine Einzelkraft $P_z = 1$ an der Stelle m eines Zwischenträgers $i^{\cdot\cdot}, i+1^{\cdot}$, so sind jene Aktionskräfte des Zwischenträgers (s. Bild 36):

$$P_{z(i^{\cdot\cdot})} = \frac{1 \cdot \mathfrak{x}'}{\lambda_{i,\,i+1}}, \quad P_{z(i+1^{\cdot})} = \frac{1 \cdot \mathfrak{x}}{\lambda_{i,\,i+1}},$$

---

[1]) Siehe die Gleichungen 61c bzw. e für den Teilstab links von j.
[2]) Siehe die Gleichungen 62c bzw. e für den Teilstab rechts von j.

also linear abhängig von $\bar{\bar{\mathfrak{x}}}'$ und $\bar{\bar{\mathfrak{x}}}$. Folglich ändern sich die durch $P_z = 1$ hervorgerufenen Fessel- und Schnittlasten des Stabes geradlinig, wenn $P_z = 1$ über den Zwischenträger $i^{\cdot\cdot}$, $i+1^{\cdot}$ wandert, d. h.: Die Einflußlinien der Fessel- und Schnittlasten eines mittelbar belasteten Stabes verlaufen geradlinig zwischen den Anschlußpunkten $i^{\cdot\cdot}$ und $i+1^{\cdot}$ des Zwischenträgers (s. Bild 36).

Entsprechendes gilt, wenn die Belastung über einen „Schleppträger" a, $b^{\cdot}$ oder $c^{\cdot\cdot}$, d lt. Bild 36 auf den Stab ausgeübt wird.

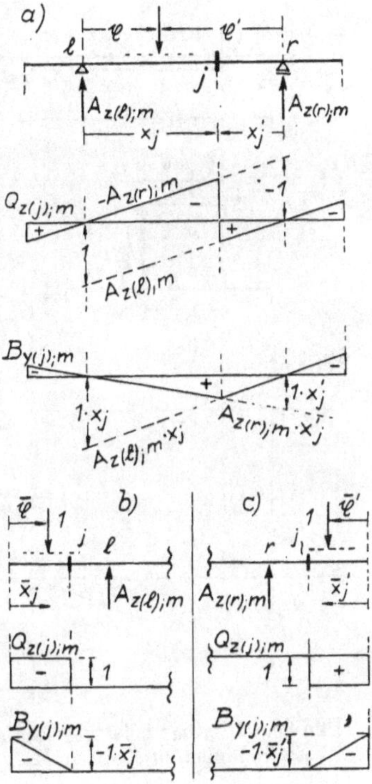

Bild 35. Einflußlinien der Schnittlasten zu Kräfen P_z

b) Gerber-Träger

Sind, wie in Bild 37a angedeutet, an einem Elementarstab weitere Stäbe gelenkig angeschlossen, so können diese nach Bild 37b als Schleppträger aufgefaßt werden. Die Einflußlinien einer solchen Konstruktion ergeben sich durch – nötigenfalls wiederholte – Anwendung des voranstehend Ausgeführten. Formeln für die Fessel- und Schnittlasten solcher Konstruktionen, sog. Gerber-Träger, lassen sich dann bedarfsweise leicht aus den gewonnenen Einflußlinien ablesen: Die Ordinaten η an irgendeiner Stelle

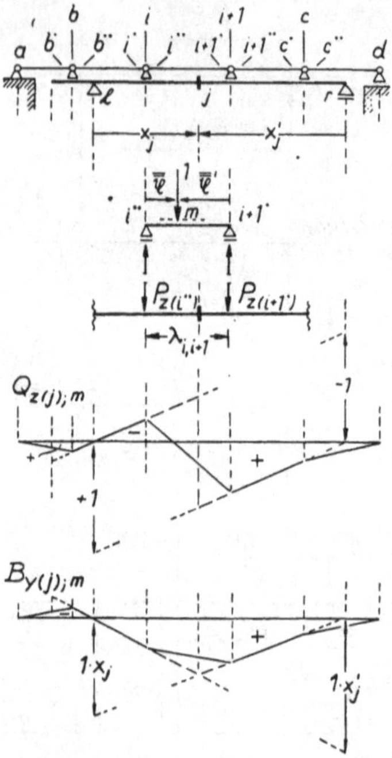

Bild 36. Mittelbar belasteter Stab, Einflußlinien zu Kräften P_z

werden mittels des Strahlensatzes durch die bei l, r usw. angeschriebenen Größen (s. Bild 37c, d, e) ausgedrückt.

c) Stab mit schräger Fessel

Liegt an der Anschlußstelle r die eine Fessel parallel y, die andere dagegen schräg in der Ebene zx (s. Bild 24), so ergibt sich für die Einflußlinien der **Fesselkräfte** zu Kräften P_z nach Abschnitt II G 2b:

$$A_{z(l);\,m} = 1 \cdot \frac{\mathfrak{x}'}{s},$$

gedachte Fesselkraft

$$A_{z(r);\,m} = A_{z(5);\,m} = 1 \cdot \frac{\mathfrak{x}}{s},$$

$$A_{5;\,m} = 1 \cdot \frac{\mathfrak{x}}{s} \cdot \frac{1}{e_{z(5)}},$$

gedachte Fesselkraft $A_{x(r);\,m} = A_{x(5);\,m} = A_{5;\,m}\, e_{x(5)}$

$$= 1 \cdot \frac{\mathfrak{x}}{s} \frac{e_{x(5)}}{e_{z(5)}},$$

$$A_{x(l);\,m} = -A_{x(r);\,m} + 0 = -1 \cdot \frac{\mathfrak{x}}{s} \cdot \frac{e_{x(5)}}{e_{z(5)}}.$$

Für die Einflußlinien der Schnittlasten an einer Stelle j zwischen l und r zu Kräften P_z gilt folgendes:

$S_{(j);\,m} = A_{x(l);\,m}$ (nach Gleichung 61a),

$Q_{z(j);\,m}$ s. Gleichung 67a,

$B_{y(j);\,m}$ s. Gleichung 67b.

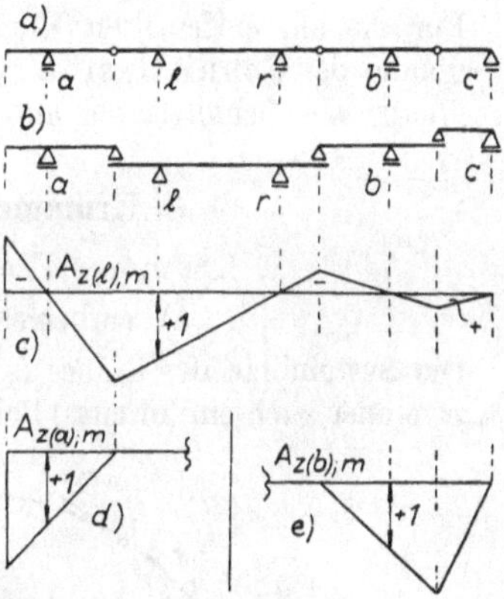

Bild 37. Gerber-Träger, Einflußlinien zu Kräften P_z

d) Kragträger

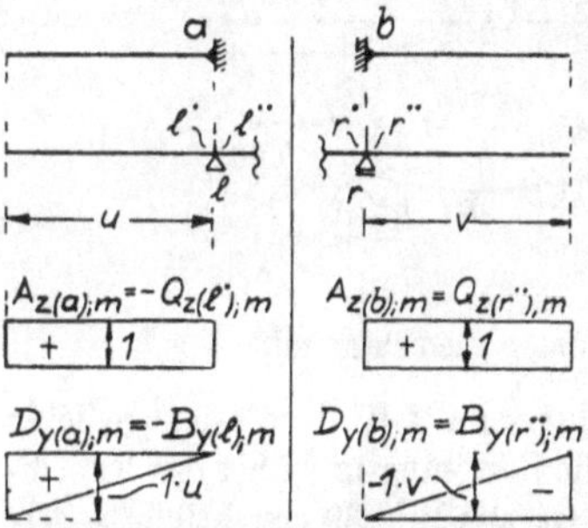

Bild 38. Kragträger, Einflußlinien zu Kräften P_z

Ein Stab sei nach Bild 38 an einem Ende „eingespannt“ (vergleiche Bild 10): sog. „Krag-Träger“ oder „Krag-Balken“. Er kann als überkragender Arm eines Elementarstabes angesehen werden, d. h.: Je nachdem der Kragträger rechts oder links eingespannt ist, ergeben sich seine Fessellasten als (– 1)-fache bzw. (+ 1)-fache Schnittlasten an der Stelle $l^{\cdot}$ bzw. $r^{\cdot\cdot}$ der überkragenden Arme dieses Elementarstabes; vgl. dazu die in Bild 38a, b dargestellten Einflußlinien mit den in Bild 35b, c dargestellten.

Für die am entfesselten Kragträger vorzunehmende Berechnung der Schnittlasten gilt Gleiches wie für die Berechnung der Schnittlasten am entfesselten Elementarstab.

C. Krummer Stab

1. Krummer Elementarstab

a) Vorbemerkungen

Die Systemlinie des Stabes (s. Bild 39) sei eine beliebige Kurve oder auch ein (offenes) Polygon (Stabzug). Die Haupt-

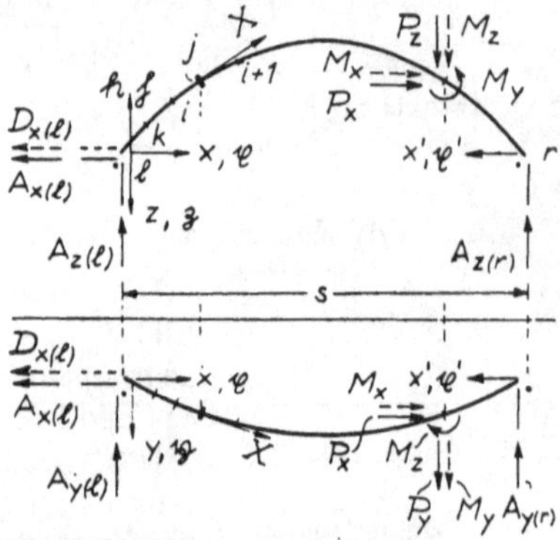

Bild 39. Krummer Elementarstab

trägheitsachsen der Stab-Querschnittsflächen seien beliebig gerichtet. – Näheres über die Fesselung und über das Koordinatensystem x bzw. x', y, z ist aus Bild 39 ersichtlich. – Da bei krummen Stäben die zur Koordinatenrichtung z parallelen Ordinaten, die „Höhen", gewöhnlich entgegen $+z$ als positiv angesehen werden, wird noch eingeführt: $h = -z$.

Wenn ausgesprochen werden soll, daß eine Stelle der Systemlinie eine Last-Angriffsstelle ist, werden ihre Koordinaten mit $\mathfrak{x}$ bzw. $\mathfrak{x}'$, $\mathfrak{y}$, $\mathfrak{z}$ bzw. $\mathfrak{h}(= -\mathfrak{z})$ bezeichnet (s. Bild 39).

An einer Stelle j liegen die örtlichen Achsen X, Y, Z (s. Bild 28c) mit den Einheitsvektoren e*, e**, e*** beispielsweise fest, wenn außer den Koordinaten x_j, y_j, z_j der Stelle j noch die Koordinaten x_a, y_a, z_a eines Punktes a auf der Systemlinien-Tangente (X), ferner die Koordinaten x_b, y_b, z_b eines Punktes b in der Ebene XY bekannt sind.

Liegt z. B. der Punkt a (s. Bild 28c) auf dem positiven Ast von X und der Punkt b im positiven Quadranten der Ebene XY, so gilt für die nachher benötigten Komponenten der Einheitsvektoren e*, e**, e*** bezüglich x, y, z folgendes:

Die Komponenten von e* sind:

$$e_x^* = \frac{x_a - x_j}{\lambda}, \quad e_y^* = \frac{y_a - y_j}{\lambda}, \quad e_z^* = \frac{z_a - z_j}{\lambda}, \tag{70}$$

wobei $\lambda = |\sqrt{(x_a - x_j)^2 + (y_a - y_j)^2 + (z_a - z_j)^2}|$ (Strecke ja. — Praktisch genügt es i. a., als Punkt a einen dem Punkt j nahe benachbarten Punkt auf der Systemlinie selbst — statt auf der Systemlinien-Tangente — zu wählen.)

Mit j und b ist ein von j nach b weisender Vektor $\mathfrak{r}$ in der Ebene XY gegeben: Komponenten: $r_x = x_b - x_j$, $r_y = y_b - y_j$, $r_z = z_b - z_j$.

Indem aus e* und $\mathfrak{r}$ das Vektorprodukt [e*$\mathfrak{r}$] gebildet wird, ergibt sich ein neuer Vektor vom Absolutbetrag $\mu = |[\mathrm{e}^*\mathfrak{r}]|$, parallel und gleichsinnig e***. Somit gilt:

$$\mathrm{e}^{***} = \frac{1}{\mu}[\mathrm{e}^*\mathfrak{r}],$$

d. h.:

$$e_x^{***} = \frac{1}{\mu}(e_y^* r_z - e_z^* r_y), \quad e_y^{***} = \frac{1}{\mu}(e_z^* r_x - e_x^* r_z),$$

$$e_z^{***} = \frac{1}{\mu}(e_x^* r_y - e_y^* r_x) \tag{71}$$

mit $\mu = |\sqrt{(e_y^* r_z - e_z^* r_y)^2 + (e_z^* r_x - e_x^* r_z)^2 + (e_x^* r_y - e_y^* r_x)^2}|$.

Schließlich gilt:

$$e^{**} = [e^{***} e^{*}],$$

d. h.:

$$e_x^{**} = e_y^{***} e_z^{*} - e_z^{***} e_y^{*}, \qquad e_y^{**} = e_z^{***} e_x^{*} - e_x^{***} e_z^{*},$$

$$e_z^{**} = e_x^{***} e_y^{*} - e_y^{***} e_x^{*}. \tag{72}$$

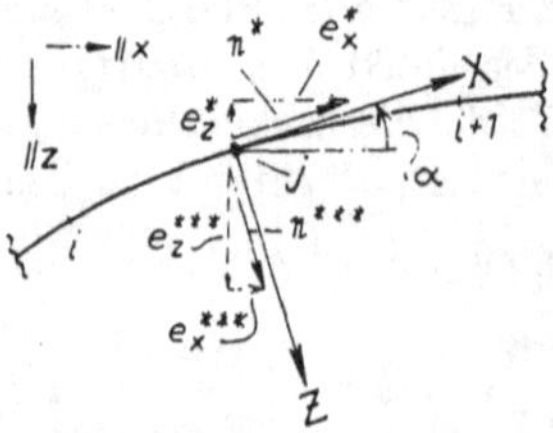

Bild 40. Ebener krummer Elementarstab, Einheitsvektoren

Diese Beziehungen vereinfachen sich im Sonderfall, daß die Ebene ZX parallel der Ebene zx ist (s. Bild 40); dann gilt

$$e_y^{*} = e_x^{**} = e_z^{**} = e_y^{***} = 0, \qquad e_y^{**} = 1,$$

und es kann geschrieben werden:

$$\begin{aligned} e_x^{*} &= \cos\alpha, & e_z^{*} &= -\sin\alpha, \\ e_x^{***} &= \sin\alpha, & e_z^{***} &= \cos\alpha \end{aligned} \tag{73}$$

(Winkel α positiv im Drehsinn zx).

b) Fessellasten

α) Allgemeine Beziehungen

Die Fessellasten ergeben sich aus den Formeln 44:

$$A_{x(l)} = \sum_k P_{x(k)}, \tag{74a}$$

$$A_{y(l)} = \frac{1}{s} \sum_k \{P_{(x)k} \mathfrak{y}_k + P_{y(k)} \mathfrak{x}'_k - M_{z(k)}\}, \tag{74b}$$

$$A_{z(l)} = \frac{1}{s} \sum_k \{- P_{x(k)} \mathfrak{h}_k + P_{z(k)} \mathfrak{x}'_k + M_{y(k)}\}, \qquad (74\text{c})$$

$$A_{y(r)} = \frac{1}{s} \sum_k \{- P_{x(k)} \mathfrak{y}_k + P_{y(k)} \mathfrak{x}_k + M_{z(k)}\}, \qquad (74\text{d})$$

$$A_{z(r)} = \frac{1}{s} \sum_k \{P_{x(k)} \mathfrak{h}_k + P_{z(k)} \mathfrak{x}_k - M_{y(k)}\}, \qquad (74\text{e})$$

$$D_{x(l)} = \sum_k \{P_{y(k)} \mathfrak{h}_k + P_{z(k)} \mathfrak{y}_k + M_{x(k)}\}, \qquad (74\text{f})$$

$\sum_k$ erstreckt über die eingeprägten Lasten.

β) Einflußlinien

Die Einflußlinien der Fessellasten ergeben sich analog dem in Abschnitt III B 1 bβ Dargelegten aus der Betrachtung des Belastungszustandes „wandernde Einzellast, momentan an der Stelle m der Systemlinie". So ergibt sich z. B. für die Einflußlinien der Auflagerkräfte zu Kräften P_z (Einfluß der wandernden Kraft $P_z = 1$):

$$A_{x(l);\,m} = 0, \qquad A_{y(l);\,m} = 0, \qquad (75\text{a, b})$$

$$A_{z(l);\,m} = 1 \cdot \frac{\mathfrak{x}'}{s}, \qquad (75\text{c})$$

$$A_{y(r);\,m} = 0, \qquad A_{z(r);\,m} = 1 \cdot \frac{\mathfrak{x}}{s} \qquad (75\text{d, e})$$

(wie am geraden Stab, s. Bild 31), ferner:

$$D_{x(l);\,m} = 1 \cdot \mathfrak{y}(\mathfrak{x}), \qquad (75\text{f})$$

d. h.: Die Einflußlinie $D_{x(l);\,m}$ ist gleich der Grundrißprojektion der Systemlinie (s. Bild 39).

c) Schnittlasten

α) Allgemeine Beziehungen

Gesucht werden die Schnittlasten S, Q^{**}, Q^{***}, T, B^{**} B^{***} lt. Abschnitt III A 2 an einer Stelle j zwischen zwei Last-Angriffsstellen i und $i+1$.

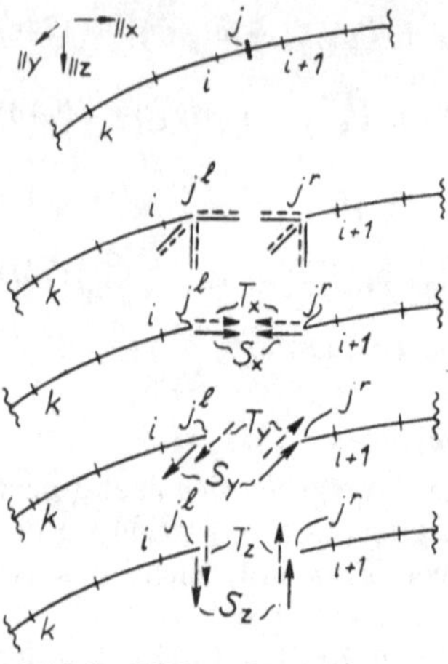

Bild 41. Hilfsgrößen S_x, S_y, S_z und T_x, T_y, T_z

Vorbereitend wird zunächst angenommen, die inneren Fesseln zwischen den beiden Stababschnitten links und rechts von j seien parallel den Koordinaten x, y, z (s. Bild 41). Die zu s o l c h e n inneren Fesseln gehörenden Schnittlasten werden als „Hilfsgrößen" S_x, S_y, S_z, T_x, T_y, T_z bezeichnet. Analog dem in Abschnitt III B 1cα Ausgeführten ergeben sich zu ihrer Berechnung folgende Summenformeln und Rekursionsformeln.

Summenformeln am Teilstab links von j:

$$S_{x(j)} = -\Sigma_l P_x, \qquad (76\text{a})$$

$$S_{y(j)} = -\Sigma_l P_y, \qquad (76\text{b})$$

$$S_{z(j)} = -\Sigma_l P_z, \qquad (76\text{c})$$

$$T_{x(j)} = -\Sigma_l \{-P_y(h_j - \mathfrak{h}) - P_z(y_j - \mathfrak{y}) + M_x\}, \qquad (76\text{d})$$

$$T_{y(j)} = -\Sigma_l \{P_x(h_j - \mathfrak{h}) + P_z(x_j - \mathfrak{x}) + M_y\}, \qquad (76\text{e})$$

$$T_{z(j)} = -\Sigma_l \{P_x(y_j - \mathfrak{y}) - P_y(x_j - \mathfrak{x}) + M_z\}, \qquad (76\text{f})$$

Σ_l erstreckt über die äußeren Lasten an den Stellen 0 bis i des Teilstabes links von j (einschließlich derjenigen, die aus Fesseln im Bereich 0 bis i herrühren).

Summenformeln am Teilstab rechts von j:

$$S_{x(j)} = \Sigma_r P_x, \tag{77a}$$
$$S_{y(j)} = \Sigma_r P_y, \tag{77b}$$
$$S_{z(j)} = \Sigma_r P_z, \tag{77c}$$
$$T_{x(j)} = \Sigma_r \{-P_y(h_j - \mathfrak{h}) - P_z(y_j - \mathfrak{y}) + M_x\}, \tag{77d}$$
$$T_{y(j)} = \Sigma_r \{P_x(h_j - \mathfrak{h}) - P_z(x'_j - \mathfrak{x}') + M_y\}, \tag{77e}$$
$$T_{z(j)} = \Sigma_r \{P_x(y_j - \mathfrak{y}) + P_y(x'_j - \mathfrak{x}') + M_z\}, \tag{77f}$$

Σ_r erstreckt über die äußeren Lasten an den Stellen $i+1$ bis n des Teilstabes rechts von j (einschließlich derjenigen, die aus Fesseln im Bereich $i+1$ bis n herrühren).

Rekursionsformeln[1]):

$$S_{x(i,\,i+1)} = S_{x(i-1,\,i)} - P_{x(i)}, \tag{78a}$$
$$S_{y(i,\,i+1)} = S_{y(i-1,\,i)} - P_{y(i)}, \tag{78b}$$
$$S_{z(i,\,i+1)} = S_{z(i-1,\,i)} - P_{z(i)}, \tag{78c}$$

$$\begin{aligned} T_{x(i^{\cdot\cdot})} &= T_{x(i^{\cdot})} - M_{x(i)}, \\ T_{x(i+1^{\cdot})} &= T_{x(i^{\cdot})} - S_{y(i,\,i+1)}(h_{i+1} - h_i) \\ &\quad - S_{z(i,\,i+1)}(y_{i+1} - y_i) - M_{x(i)}, \end{aligned} \tag{78d}$$

$$\begin{aligned} T_{y(i^{\cdot\cdot})} &= T_{y(i^{\cdot})} - M_{y(i)}, \\ T_{y(i+1^{\cdot})} &= T_{y(i^{\cdot})} + S_{x(i,\,i+1)}(h_{i+1} - h_i) \\ &\quad + S_{z(i,\,i+1)}(x_{i+1} - x_i) - M_{y(i)}, \end{aligned} \tag{78e}$$

$$\begin{aligned} T_{z(i^{\cdot\cdot})} &= T_{z(i^{\cdot})} - M_{z(i)}, \\ T_{z(i+1^{\cdot})} &= T_{z(i^{\cdot})} + S_{x(i,\,i+1)}(y_{i+1} - y_i) \\ &\quad - S_{y(i,\,i+1)}(x_{i+1} - x_i) - M_{z(i)}, \end{aligned} \tag{78f}$$

$P_{x(i)}, \ldots M_{z(i)} =$ eingeprägte und ggf. aus Fesseln herrührende äußere Lasten an der Stelle i.

Damit auch der Verlauf der Hilfsgrößen T zwischen je zwei Stellen i und $i+1$ als geradlinig angesehen werden kann,

[1]) Oder Differenzengleichungen 1. Ordnung.

empfiehlt es sich, die Unterteilung der Systemlinie durch Punkte $\ldots, i, i+1, \ldots$ so eng zu wählen, daß jeder System-Abschnitt $i, i+1$ als Gerade gelten kann: Auffassung des Stabes als „Stabzug“. – Stellen i, an denen dabei keine äußere Last wirkt, werden dann auch als Last-Angriffsstellen bezeichnet (nämlich als solche, an denen Lasten vom Betrage Null angreifen).

Mit den Hilfsgrößen S_x, S_y, S_z liegt die resultierende Schnittkraft $\mathfrak{S}$ fest (Komponenten S_x, S_y, S_z), desgl. mit den Hilfsgrößen T_x, T_y, T_z das resultierende Schnittmoment $\mathfrak{T}$ (Komponenten T_x, T_y, T_z); s. Bild 28g.

Die in Wirklichkeit gesuchten Schnittlasten $S, Q^{**}, Q^{***}, T, B^{**}, B^{***}$ lt. Abschnitt III A2 sind die Komponenten von $\mathfrak{S}$ und $\mathfrak{T}$ bezüglich der Richtungen X, Y, Z mit den Einheitsvektoren $\mathfrak{e}^*, \mathfrak{e}^{**}, \mathfrak{e}^{***}$ (s. Bild 28):

$$\begin{aligned} S &= \mathfrak{S}\mathfrak{e}^* = S_x e_x^* + S_y e_y^* + S_z e_z^*, \\ Q^{**} &= \mathfrak{S}\mathfrak{e}^{**} = S_x e_x^{**} + S_y e_y^{**} + S_z e_z^{**}, \\ Q^{***} &= \mathfrak{S}\mathfrak{e}^{***} = S_x e_x^{***} + S_y e_y^{***} + S_z e_z^{***}, \\ T &= \mathfrak{T}\mathfrak{e}^* = T_x e_x^* + T_y e_y^* + T_z e_z^*, \\ B^{**} &= \mathfrak{T}\mathfrak{e}^{**} = T_x e_x^{**} + T_y e_y^{**} + T_z e_z^{**}, \\ B^{***} &= \mathfrak{T}\mathfrak{e}^{***} = T_x e_x^{***} + T_y e_y^{***} + T_z e_z^{***}. \end{aligned} \tag{79}$$

Diese „Transformationsformeln“ vereinfachen sich wesentlich, wenn es sich um einen Stab handelt, dessen Systemlinie nebst Achsen X und Z in der Ebene zx liegen und an dem nur Kräfte und Kräftepaare in dieser Ebene angreifen (P_x, P_z, M_y). In diesem Sonderfall des „ebenen, in seiner Ebene belasteten krummen Stabes“ gilt lt. Gleichung 73 (s. auch Bild 40):

$$\begin{aligned} S &= S_x \cos\alpha - S_z \sin\alpha, \\ (Q^{***} \equiv)\, Q &= S_x \sin\alpha + S_z \cos\alpha, \\ (B^{**} \equiv)\, B &= T_y. \end{aligned} \tag{80}$$

Die übrigen Schnittlasten haben in diesem Sonderfall den Betrag Null.

β) Einflußlinien

Entsprechend Voranstehendem werden zunächst die Einflußlinien der Hilfsgrößen $S_x, \dots T_z$ ermittelt. Aus der Betrachtung des Belastungszustandes „wandernde Einzellast, momentan an der Stelle m der Systemlinie" (vgl. Abschnitt III B 1 cβ) folgt z. B. für eine Stelle j zwischen l und r:

Wenn $\mathfrak{x} < x_j$ [1]: | wenn $\mathfrak{x} > x_j$ [2]:

$$
\begin{aligned}
S_{x(j);\,m} &= 0 && \text{bzw.} = A_{x(l);\,m}, \\
S_{y(j);\,m} &= -A_{y(r);\,m} && \text{bzw.} = A_{y(l);\,m}, \\
S_{z(j);\,m} &= -A_{z(r);\,m} && \text{bzw.} = A_{z(l);\,m}, \qquad (81)\\
T_{x(j);\,m} &= A_{y(r);\,m}\cdot h_j + A_{z(r);\,m}\cdot y_j && \text{bzw.} = D_{x(l);\,m} - A_{y(l);\,m}\cdot h_j - A_{z(l);\,m}\cdot y_j, \\
T_{y(j);\,m} &= A_{z(r);\,m}\cdot x_j' && \text{bzw.} = A_{x(l);\,m}\cdot h_j + A_{z(l);\,m}\cdot x_j, \\
T_{z(j);\,m} &= -A_{y(r);\,m}\cdot x_j' && \text{bzw.} = A_{x(l);\,m}\cdot y_j - A_{y(l)\,m}\cdot x_j.
\end{aligned}
$$

Die Einflußlinien der Hilfsgrößen $S_{x(j)}, \dots T_{z(j)}$ ergeben sich also aus Abschnitten der Einflußlinien $A_{x(l);\,m}, \dots$ (s. Abschn. III C 1bβ), indem deren Ordinaten mit $+1$, -1, x_j, x_j', y_j, h_j multipliziert und, wie die Gleichungen 81 zeigen, zueinander addiert werden.

Handelt es sich um die Einflußlinien zu Kräften P_z, so ist $A_{x(l);\,m} = 0$, also:

$$S_{x(j);m} = 0, \text{ auch im Bereich } \mathfrak{x} > x_j.$$

Die Einflußlinien $S_{z(j);\,m}$ und $T_{y(j);\,m}$ sind in diesem Falle gleich den in Bild 35 wiedergegebenen Einflußlinien $Q_{z(j);\,m}$ und $B_{y(j);\,m}$ des geraden Elementarstabes.

---

[1]) Wandernde Last links von j; s. die Gleichungen 77 für den Teilstab rechts von j.

[2]) Wandernde Last rechts von j; s. die Gleichungen 76 für den Teilstab links von j.

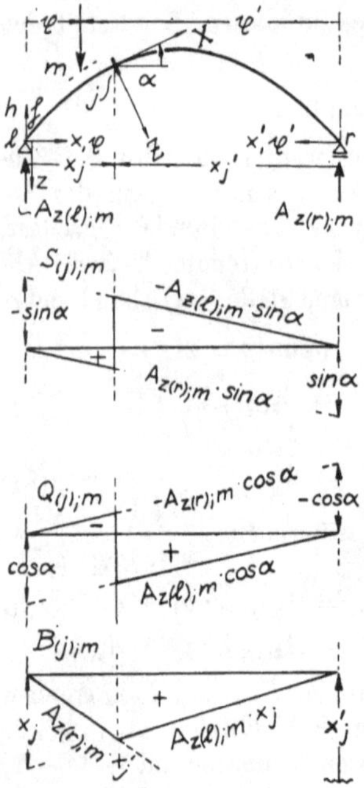

Bild 42. Ebener krummer Elementarstab, Einflußlinien zu Kräften P_z

Mit den Einflußlinien der Hilfsgrößen $S_{x(j)}, \ldots T_{z(j)}$ ergeben sich die letztlich gesuchten Einflußlinien der Schnittlasten $S_{(j)}, Q^{**}_{(j)}, \ldots B^{***}_{(j)}$ nach den Transformationsformeln 79 bzw. 80:

$$S_{(j);\,m} = S_{x(j);\,m} \cdot e^*_{x(j)} + S_{y(j);\,m} \cdot e^*_{y(j)} + S_{z(j);\,m} e^*_{z(j)} \qquad (82)$$

usw.,

z. B. im Sonderfall des ebenen, in seiner Ebene belasteten krummen Stabes (siehe die Transformationsformeln 80 und Bild 42)[1]):

$$\begin{aligned} S_{(j);\,m} &= S_{x(j);\,m} \cdot \cos\alpha_j - S_{z(j);\,m} \cdot \sin\alpha_j, \\ Q_{(j);\,m} &= S_{x(j);\,m} \cdot \sin\alpha_j + S_{z(j);\,m} \cdot \cos\alpha_j, \qquad (83) \\ B_{(j);\,m} &= T_{y(j);\,m}. \end{aligned}$$

2. Dreigelenkbogen

a) Vorbemerkungen

Wird an dem nach Bild 39 gefesselten Stab noch eine Wegfessel parallel x an der Stelle r angebracht (s. Bild 43), so reichen die 6 Gleichgewichtsbedingungen lt. Abschnitt II D

---

[1]) Der Leser versuche, die in Bild 42 eingetragenen Ausdrücke für die einzelnen Abschnitte der Einflußlinien auch unmittelbar aus dem Bild 42a abzulesen.

nicht mehr zur Berechnung der nunmehr 7 Fessellasten aus. Wird jedoch, wie es bei einem so gefesselten Stab häufig geschieht, an einer Stelle g der Systemlinie ein Zylindergelenk eingefügt, dessen Achse parallel einem Einheitsvektor $\mathfrak{e}_g$ sei, so tritt zu den 6 Gleichgewichtsbedingungen noch eine (7.) Aussage hinzu, nämlich folgende „Nebenbedingung":

„Die zu $\mathfrak{e}_g$ parallele Komponente des resultierenden Schnittmomentes $\mathfrak{T}_g$ an der Stelle g muß gleich Null sein",

$$\mathfrak{T}_g \mathfrak{e}_g = 0. \tag{84}$$

Damit liegen 7 Gleichungen zur Berechnung der 7 Fessellasten vor, d. h.: Auch diese Konstruktion ist statisch bestimmt. — Sie wird „Dreigelenkbogen" (bzw. „Dreigelenkrahmen") genannt.

b) Fessellasten

α) Allgemeine Beziehungen

Zur Berechnung der Fessellasten des Dreigelenkbogens werden wieder alle Fesseln zerschnitten. Zur Anwendung der Gleichgewichtsbedingungen auf die verbleibende (nicht mehr in sich starre) Konstruktion wird wieder auf die Gleichungen 44 zurückgegriffen. Ähnlich wie schon in Abschnitt II G 2b tritt jedoch an die Stelle von Gleichung 44a (Gleichung „P_x") die Gleichung 46:

$$-A_{x(l)} - A_{x(r)} + \sum_k P_{x(k)} = 0, \tag{85}$$

$\sum_k$ erstreckt über alle eingeprägten Kräfte $P_{x(k)}$.

Die Gleichungen 44b, ... f ergeben für die Fessellasten $A_{y(l)}, A_{z(l)}, A_{y(r)}, A_{z(r)}, D_{x(l)}$ wieder die Gleichungen 74b, ... f.

Die Nebenbedingung 84, in Komponenten geschrieben, lautet:

$$T_{x(g)} e_{x(g)} + T_{y(g)} e_{y(g)} + T_{z(g)} e_{z(g)} = 0; \tag{86}$$

Ausdrücke zur Berechnung der darin enthaltenen Komponenten $T_{x(g)}, T_{y(g)}, T_{z(g)}$ (Hilfsgrößen lt. Abschnitt III C 1cα)

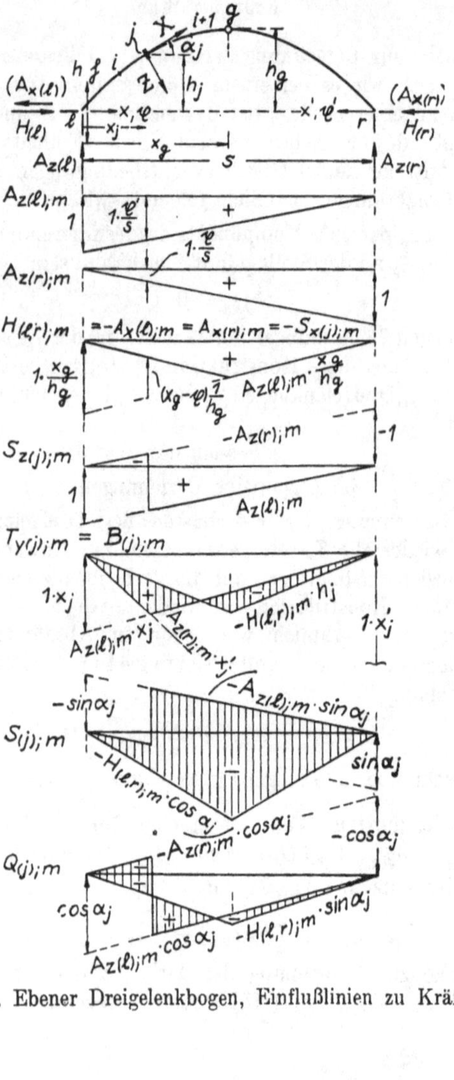

Bild 43. Ebener Dreigelenkbogen, Einflußlinien zu Kräften P_z

ergeben sich aus den Gleichungen 76d, e, f, indem dort der Zeiger j durch den Zeiger g ersetzt wird. In diesen Ausdrücken (Summen Σ_l) ist jetzt aber die Fesselkraft $A_{x(l)}$ als einstweilen unbekannte Größe enthalten! — Indem diese Ausdrücke für $T_{x(g)}$, $T_{y(g)}$, $T_{z(g)}$ in die Nebenbedingung 86 eingesetzt werden, ergibt sich eine Gleichung zur Berechnung von $A_{x(l)}$. Anschließend ergibt sich $A_{x(r)}$ aus Gleichung 85.

Es ist üblich, für die Fesselkräfte parallel x das Zeichen H („Horizontalschub") zu verwenden und dabei den Zahlenwert von $H_{(l)}$ bzw. $H_{(r)}$ als positiv zu betrachten, wenn die Fesselkraft bei l nach rechts, die bei r nach links weist (s. Bild 43a). Dann gilt

$$H_{(l)} = -A_{x(l)}; \quad H_{(r)} = A_{x(r)}. \tag{87}$$

Diese Beziehungen vereinfachen sich erheblich im Sonderfall eines ebenen, in seiner Ebene belasteten Dreigelenkbogens, bei dem die Achse des Gelenkes g (Koordinaten x_g, h_g) senkrecht zur Bogenebene steht. Für diesen Sonderfall (s. Bild 43a) ergibt sich nach dem Voranstehenden:

$$A_{z(l)} \text{ lt. Gleichung 74c;} \tag{88a}$$

$$A_{z(r)} \text{ lt. Gleichung 74e;} \tag{88b}$$

ferner (Nebenbedingungen 86 und Gleichung 76e für $T_{y(g)}$):

$$H_{(l)} = -A_{x(l)} = A_{z(l)} \cdot \frac{x_g}{h_g} - \frac{1}{h_g} \Sigma_{gl} \{P_{x(k)}(h_g - \mathfrak{h}_k) + P_{z(k)}(x_g - \mathfrak{x}_k) + M_{y(k)}\}, \tag{88c}$$

Σ_{gl} erstreckt über die eingeprägten Lasten am Stababschnitt links von g;

schließlich nach Gleichung 85:

$$A_{x(r)} = -A_{x(l)} + \sum_k P_{x(k)}$$

oder

$$H_{(r)} = H_{(l)} + \sum_k P_{x(k)}, \tag{88d}$$

$\sum\limits_k$ erstreckt über die dem Dreigelenkbogen eingeprägten Kräfte $P_{x(k)}$.

β) Einflußlinien

Die Einflußlinien der Fessellasten ergeben sich wieder aus der Betrachtung des Belastungszustandes „wandernde Einzellast, momentan an der Stelle m der Systemlinie".

So ergeben sich z. B. im Sonderfall des ebenen, in seiner Ebene belasteten Dreigelenkbogens, bei dem die Achse des Gelenkes g senkrecht zur Bogenebene steht, die folgenden Ausdrücke für die Einflußlinien der Fessellasten zu Kräften P_z (Einfluß der wandernden Kraft $P_z = 1$; s. die Gleichungen 88 und Bild 43b, c, d):

$$A_{z(l);\,m} = 1 \cdot \frac{\mathfrak{x}'}{s}\,; \qquad A_{z(r);\,m} = 1 \cdot \frac{\mathfrak{x}}{s}\,; \tag{89a, b}$$

ferner

im Bereich $\mathfrak{x} < x_g$ [1]: | im Bereich $\mathfrak{x} > x_g$ [2]:

$$H_{(l);\,m} = -A_{x(l);\,m}$$

$$= A_{z(l);\,m} \cdot \frac{x_g}{h_g} - (x_g - \mathfrak{x}) \cdot \frac{1}{h_g} \qquad \text{bzw.} = A_{z(l);\,m} \cdot \frac{x_g}{h_g}\,;$$

schließlich

$$A_{x(r);\,m} = -A_{x(l);\,m}$$

oder

$$H_{r;\,m} = H_{l;\,m} \tag{89d}$$

Für $H_{r;\,m}$ und $H_{l;\,m}$ kann hier also zusammenfassend geschrieben werden: $H_{lr;\,m}$ (s. Bild 43d).

c) Schnittlasten

α) Allgemeine Beziehungen

Für die Schnittlasten an einer Stelle j gelten die Transformationsformeln 79 bzw. 80; für die darin enthaltenen, zuerst auszurechnenden Hilfsgrößen $S_{x(j)}, \ldots T_{x(j)}, \ldots$ gelten die Gleichungen 76, 77 oder 78 (darin eingehende Fessellasten: s. die Gleichungen 88a, ... d).

---

[1]) Wandernde Kraft links von g; $P_z\,(=1)$ geht in Σ_{gl} (Gleichung 88c) ein.

[2]) Wandernde Kraft rechts von g; $P_z\,(=1)$ geht in Σ_{gl} (Gleichung 88c) nicht ein.

β) Einflußlinien

Die Einflußlinien der Schnittlasten an einer Stelle j (Abszissen x_j, x'_j) ergeben sich wieder aus der Betrachtung des Belastungszustandes „wandernde Einzellast, momentan an der Stelle m der Systemlinie".

Beispielsweise ergeben sich im Sonderfall des ebenen, in seiner Ebene belasteten Dreigelenkbogens, bei dem die Achse des Gelenkes g senkrecht zur Bogenebene steht, wieder die Gleichungen 83:

$$S_{(j);\,m} = S_{x(j);\,m} \cos\alpha_j - S_{z(j);\,m} \sin\alpha_j,$$

$$Q_{(j);\,m} = S_{x(j);\,m} \sin\alpha_j + S_{z(j);\,m} \cos\alpha_j,$$

$$B_{(j);\,m} = T_{y(j);\,m}$$

mit $S_{x(j);\,m}$, $S_{z(j);\,m}$, $T_{y(j);\,m}$ nach folgendem:

im Bereich $\mathfrak{x} < x_j$ [1]: | im Bereich $\mathfrak{x} > x_j$ [2]:

$$S_{x(j);\,m} = -H_{r;\,m} \qquad \text{bzw.} = -H_{l;\,m},$$

$$S_{z(j);\,m} = -A_{z(r);\,m} \qquad \text{bzw.} = A_{z(l);\,m},$$

$$T_{y(j);\,m} = -H_{r;\,m}\cdot h_j + A_{z(r);\,m}\cdot x'_j \qquad \text{bzw.} = -H_{l;\,m}\cdot h_j + A_{z(l);\,m}\cdot x_j.$$

Handelt es sich speziell um die Einflußlinien zu Kräften P_z (Einfluß der wandernden Kraft $P_z = 1$), so gelten für die eingehenden Größen $H_{l;\,m}$, $H_{r;\,m}$, $A_{z(l);m}$, $A_{z(r);\,m}$ die Gleichungen 89 (s. auch Bild 43b, c, d). — Alles Weitere ist aus den Darstellungen der Einflußlinien $S_{(j);\,m}$, $Q_{(j);\,m}$, $B_{(j);\,m}$ in Bild 43g, h, f zu ersehen[3]).

[1]) Wandernde Last links von j; s. die Gleichungen 77a, c, e für den Teilstab rechts von j.

[2]) Wandernde Last rechts von j; s. die Gleichungen 76a, c, e für den Teilstab links von j.

[3]) Der Leser versuche, die in Bild 43 eingetragenen Ausdrücke für die einzelnen Abschnitte der Einflußlinien auch unmittelbar aus Bild 43a abzulesen!

3. Andere Stäbe

Wirkt die Belastung an einem krummen Stab „mittelbar“ (s. Bild 51) oder sind an einem solchen Stab weitere Stäbe gelenkig angeschlossen (ähnlich wie am geraden Elementarstab in Bild 37), so gilt Entsprechendes, wie in den Abschnitten III B 2a und b zum geraden Elementarstab dargelegt. Handelt es sich um einen (krummen) Stab mit einer schrägen Fessel (ähnlich wie in Bild 24) oder um einen Kragträger (ähnlich wie in Bild 38), so können zu seiner Behandlung leicht entsprechende Betrachtungen vorgenommen werden wie in den Abschnitten III B 2c und d. Aus Raumgründen kann auf diese Fälle nicht näher eingegangen werden.

D. Anwendung des Prinzips der virtuellen Verrückungen

1. Vorbemerkungen

Anschaulicher gestaltet sich die Ermittlung von Fessel- und Schnittlasten ebener, in ihrer Ebene belasteter Stäbe, wenn dazu das Prinzip der virtuellen Verrückungen verwendet wird (s. Abschnitt II H); besonders einfach wird dann die Ermittlung der Einflußlinien. – Die durchzuführenden Überlegungen werden im folgenden an einem Dreigelenkbogen (s. Bild 48 bis 50) erläutert. Das dazu Dargelegte läßt sich leicht auf andere Stäbe übertragen.

Zur Ermittlung einer Fesselkraft ist zunächst (s. Abschnitt II H) die betreffende Fessel zu zerschneiden, so daß ein bewegliches System zustande kommt, das im vorliegenden Falle (s. Bild 48) aus zwei „Scheiben“ I und II besteht. Nach Ermittlung der bei einer virtuellen Verrückung auftretenden Drehungen und Wege (s. die Abschnitte III D 2 und 3) ergibt sich die gesuchte Fesselkraft nach Gleichung 49 oder 50.

Zur Ermittlung einer Schnittlast $B_{(j)}$, $Q_{(j)}$ oder $S_{(j)}$ wird diese lt. Abschnitt III A 2 als Fessellast in der ihr entsprechenden **i n n e r e n** Fessel bei j aufgefaßt. Analog dem in Abschnitt II H Ausgeführten ist dann **d i e s e** (innere) Fessel zu zerschneiden (s. Bild 49, 50) und ist weiterhin die gesuchte Fessellast (mit zunächst unbekanntem positivem Betrag) an den Schnittufern j^l, j^r anzubringen (s. Bild 44). Das durch den Schnitt beweglich gewordene, virtuell zu verrückende System besteht nunmehr aus d r e i „Scheiben" I, II, III (s. Bild 49, 50). — An die Stelle der in Gleichung 49 bzw. 50 an erster Stelle stehenden virtuellen Arbeit $-\mathfrak{A}_{\mathrm{I}}\overset{v}{\mathfrak{w}}_{\mathrm{I}}$ bzw. $-\mathfrak{D}_{\mathrm{I}}\overset{v}{\overline{\varphi}}_{\mathrm{I}}$ tritt jetzt (s. Bild 44) die virtuelle Arbeit der gesuchten S c h n i t t last:

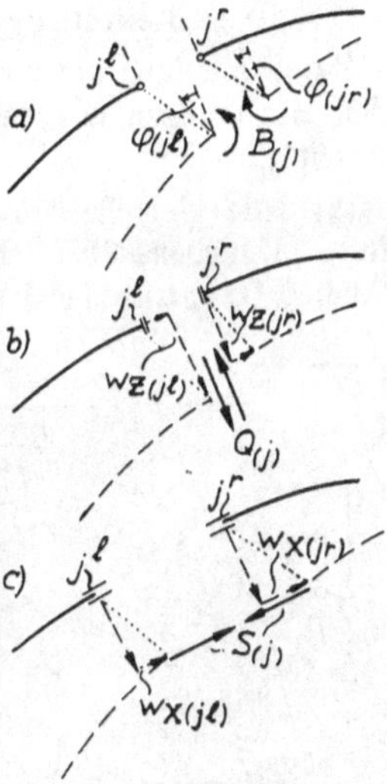

Bild 44. Virtuelle Verschiebungssprünge

$$B_{(j)}\,\overset{v}{\varphi}_{(jl)} - B_{(j)}\,\overset{v}{\varphi}_{(jr)}$$

bzw. $Q_{(j)}\,\overset{v}{w}_{Z(jl)} - Q_{(j)}\,\overset{v}{w}_{Z(jr)}$

$$\text{bzw. } S_{(j)}\overset{v}{w}_{X(jl)} - S_{(j)}\,\overset{v}{w}_{X(jr)}{}^{1)}, \tag{90a}$$

kürzer geschrieben:

$$B_{(j)}\delta\varphi_{(j)} \quad \text{bzw.} \quad Q_{(j)}\delta w_{Z(j)} \quad \text{bzw.} \quad S_{(j)}\delta w_{X(j)}, \tag{90b}$$

$$\begin{gathered}\delta\varphi_{(j)} = \varphi_{(jl)} - \varphi_{(jr)}, \quad \delta w_{Z(j)} = w_{Z(jl)} - w_{Z(jr)}, \\ \delta w_{X(j)} = w_{X(jl)} - w_{X(jr)}\end{gathered} \tag{91}$$

= Beträge des virtuellen „Drehsprungs" bzw. „Wegsprungs" im S i n n e von $B_{(j)}$ bzw. $Q_{(j)}$, $S_{(j)}$.

---

[1]) X, Z = Achsen des **ö r t l i c h e n** Koordinatensystems bei j; vgl. Abschnitt III A 2. — Der Zeiger v (= virtuell) wird im folgenden fortgelassen.

2. Beziehungen aus der Kinematik

Zur Ermittlung der virtuellen Wege usw. wird von folgenden Beziehungen aus der ebenen Kinematik Gebrauch gemacht[1]).

(a) Jede virtuelle Verrückung einer Scheibe I gegen die feste „Bildebene 0" (s. Bild 45) kann aufgefaßt werden als (kleine) Drehung der Scheibe I um einen bestimmten Punkt der Bildebene 0, den „Pol 0.1 für den betreffenden Verschiebungszustand". — Angaben zur Ermittlung des Poles 0.1 sowie des Drehwinkels φ_{I} enthalten die folgenden Sätze (Beispiele siehe in Abschnitt III D 3).

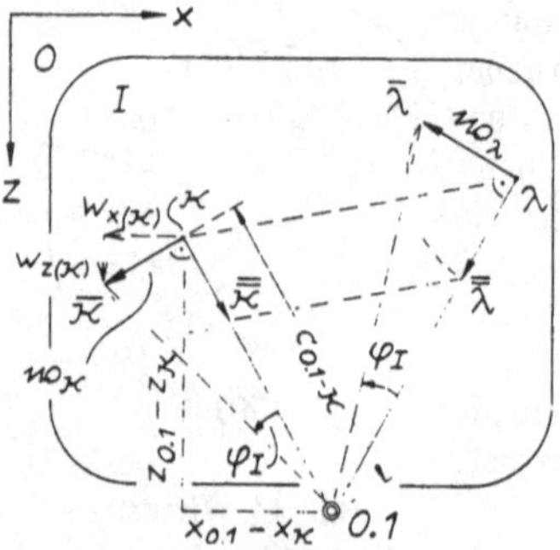

Bild 45. Pol

Obiges besagt (siehe Bild 45):

($a\alpha$) Jede Stelle $\varkappa$ der Scheibe I beschreibt einen Weg $\mathfrak{w}_\varkappa$ senkrecht zum „Polstrahl" 0.1$-\varkappa$. $\mathfrak{w}_\varkappa$ hat den Absolutbetrag $|\mathfrak{w}_\varkappa| = |\varphi_{\mathrm{I}}|\, c_{0.1-\varkappa}$; sein Richtungs-Sinn ergibt sich, wenn 0.1 und φ_{I} bekannt sind, ohne weiteres aus der Anschauung. Für die Weg-Komponenten gilt

$$w_x = -\varphi_{\mathrm{I}}(z_{0.1} - z_\varkappa), \qquad w_z = \varphi_{\mathrm{I}}(x_{0.1} - x_\varkappa). \qquad (92\,\mathrm{a, b})$$

($a\beta$) Ist $\mathfrak{w}_\varkappa$ der Weg, den eine Stelle $\varkappa$ von I zurücklegt, so hat φ_{I} den Absolutbetrag

$$|\varphi_{\mathrm{I}}| = \frac{|\mathfrak{w}_\varkappa|}{c_{0.1-\varkappa}}; \qquad (92\,\mathrm{c})$$

der Dreh-Sinn von φ_{I} ergibt sich, wenn 0.1 und $\mathfrak{w}_\varkappa$ bekannt sind, ohne weiteres aus der Anschauung.

[1]) S. z. B. P. Grodzinski, Getriebelehre; Sammlung Göschen Bd. 1061.

(aγ) Ist die Richtung eines Weges $\mathfrak{w}_\varkappa$ bekannt, so steht damit fest, daß 0.1 auf der in $\varkappa$ errichteten Senkrechten zu $\mathfrak{w}_\varkappa$ liegt.

(b) Sonderfälle:

(bα) Ist I mittels eines Gelenkes mit der Bildebene 0 verbunden (s. Bild 49, Gelenkstelle l), so fällt 0.1 mit der Gelenkstelle zusammen.

(bβ) Führt I eine Parallelverschiebung aus, so liegt 0.1 unendlich fern auf den Senkrechten zu den Wegen.

(c) Die (kleinen) Wege $\mathfrak{w}_\varkappa$ und $\mathfrak{w}_\lambda$ (s. Bild 45) von zwei Stellen $\varkappa$ und λ der Scheibe I seien dargestellt durch (endliche) Pfeile $\varkappa \to \overline{\varkappa}$, $\lambda \to \overline{\lambda}$. Werden diese in $\varkappa$ und λ um 90° gedreht, so kommen die Pfeilspitzen auf die Polstrahlen $0.1-\varkappa$ und $0.1-\lambda$ zu liegen: Endpunkte $\overline{\overline{\varkappa}}$ und $\overline{\overline{\lambda}}$ der „gedrehten Wege". Die durch $\overline{\overline{\varkappa}}$ und $\overline{\overline{\lambda}}$ gehende Gerade ist parallel der durch $\varkappa$ und λ gehenden Geraden.

(cα) Ist also der Weg $\mathfrak{w}_\varkappa$ einer Stelle $\varkappa$ sowie der Pol 0.1 bekannt, so ergibt sich der Weg $\mathfrak{w}_\lambda$ einer Stelle λ, wie folgt (s. Bild 45): Man zeichne den gedrehten Weg $\varkappa \to \overline{\overline{\varkappa}}$, ziehe durch $\overline{\overline{\varkappa}}$ die Parallele zur Geraden $\varkappa-\lambda$ bis zu ihrem Schnittpunkt $\overline{\overline{\lambda}}$ mit dem Polstrahl $0.1-\lambda$; der Pfeil $\lambda \to \overline{\overline{\lambda}}$ stellt den um 90° gedrehten Weg von λ dar; indem er um $-$ 90° (zurück) gedreht wird, ergibt sich der den Weg $\mathfrak{w}_\lambda$ darstellende Pfeil $\lambda \to \overline{\lambda}$.

(d) Werden zwei Scheiben I und II (s. Bild 46) gegen die Bildebene 0 verschoben — Pole 0.1 und 0.2 —, so kann der relative Verschiebungszustand von II gegen I aufgefaßt werden als (kleine) Drehung von II um einen bestimmten Punkt von I, den „Relativpol 1.2 für den betreffenden Verschiebungszustand".

Umgekehrt kann der relative Verschiebungszustand von I gegen II aufgefaßt werden als (kleine) Drehung von I um einen bestimmten Punkt von II, den „Relativpol 2.1".

(dα) 1.2 und 2.1 fallen zusammen, so daß es sich gleich bleibt, ob geschrieben wird 1.2 oder 2.1.

(dβ) 0.1, 0.2 und 1.2 liegen auf einer Geraden (s. Bild 46).

(e) Sind I und II mittels eines Gelenkes miteinander verbunden (s. Bild 48, Gelenkstelle *g*), so fällt 1.2 mit der Gelenkstelle zusammen.

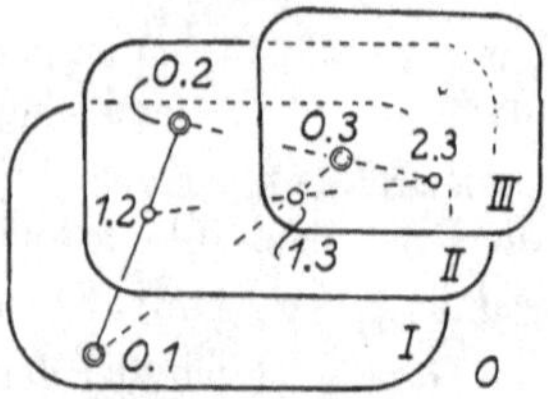

Bild 46. Relativpole

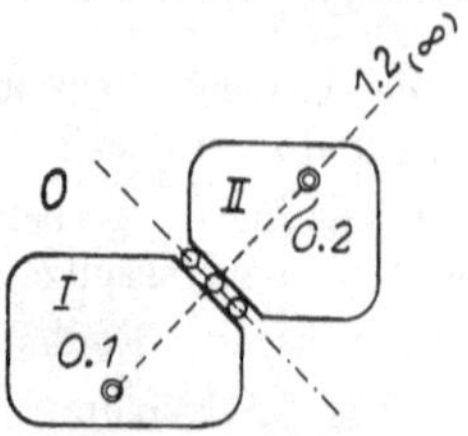

Bild 47. Relativpol von zwei durch eine Linienführung verbundenen Scheiben

(f) Ist II mit I durch eine Linienführung (s. Bild 47) verbunden (so daß II relativ zu I keine Drehung ausführen kann), so liegt 1.2 unendlich fern auf den Senkrechten zur Linienführung.

(g) Werden mehrere Scheiben I, . . *E*, . . *N*, . . *U*, . . (s. Bild 46) gegen die Bildebene 0 verschoben, so kann die relative Verschiebung von *N* gegen *E* aufgefaßt werden als Drehung von *N* gegen *E* um einen bestimmten Punkt von *E*, den „Relativpol *e.n*". Es bleibt sich gleich, ob geschrieben wird *e.n* oder *n.e*.

(gα) Je zwei Pole 0.*e*, 0.*n* und der Relativpol *e.n* –, desgleichen je drei Relativpole *e.n*, *e.u*, *n.u*, liegen auf einer Geraden (s. Bild 46).

3. Beispiele

a) Fesselkraft $A_{x(l)}$ bzw. $H_{(l)} = -A_{x(l)}$ (s. Bild 48)

Zerschnitten wird die Wegfessel parallel x an der Stelle l. Vom virtuellen Verschiebungszustand des damit beweglich gewordenen Systems sind ohne weiteres bekannt:

$$0.2 = r \text{ lt. (b}\alpha\text{)}, \quad 1.2 = g \text{ lt. (e)}.$$

0.1 liegt lt. (aγ) auf der Senkrechten zur zerschnittenen Fessel in l sowie lt. (dβ) auf der Geraden 0.2, 1.2, 0.1.

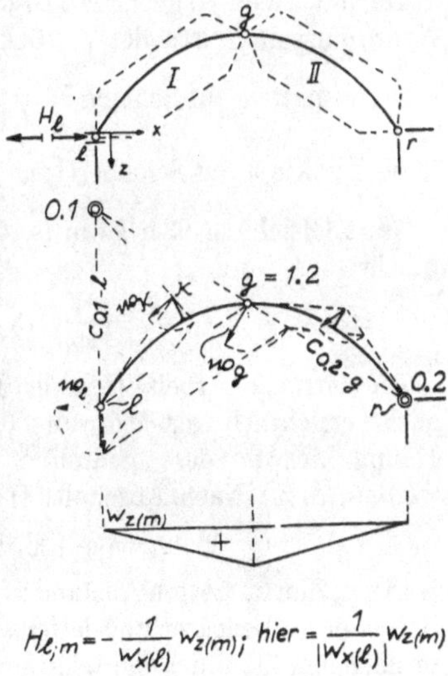

Bild 48. Virtuelle Verrückung zur Ermittlung des Horizontalschubes

Einer Stelle des Systems wird ein virtueller Weg erteilt, z. B. der Stelle l auf I (s. Bild 48). Dieser Weg $\mathfrak{w}_l$ muß (im Einklang mit den nicht zerschnittenen Fesseln) parallel x sein (womit er zugleich lt. (aα) senkrecht zum Polstrahl $0.1 - l$ steht); sein Absolutbetrag und sein Richtungs-Sinn werden beliebig gewählt. Den zugehörigen Weg $\mathfrak{w}_\varkappa$ jeder weiteren Stelle $\varkappa$ von I, insbesondere auch den Weg $\mathfrak{w}_g$ von g, erhält man — ausgehend von $\mathfrak{w}_l$ — durch Zeichnung nach (cα).

Da g zugleich eine Stelle von II ist, erhält man — ausgehend von $\mathfrak{w}_g$ — den zugehörigen Weg jeder Stelle von II wiederum durch Zeichnung nach (cα).

Lt. Gleichung 49b gilt:

$$A_{x(l)} = \frac{1}{w_{x(l)}} \sum_{\varkappa} \{P_{x(\varkappa)}\, w_{x(\varkappa)} + P_{z(\varkappa)} w_{z(\varkappa)} + M_{(\varkappa)} \varphi_{(\varkappa)}\} \tag{93a}$$

$$\text{bzw. } H_{(l)} = -A_{x(l)} = -\frac{1}{w_{x(l)}} \sum_{\varkappa} \{\cdots\}. \tag{93b}$$

Die darin eingehenden Wegkomponenten w_x, w_z ergeben sich nach Abschnitt I B 2 als Projektionen der gefundenen Wege $\mathfrak{w}$ auf die Achsen x und z.

Die außerdem eingehenden Drehungen $\varphi_{(\varkappa)}$ sind z. B. – bei Anordnung und virtueller Verrückung nach Bild 48 – lt. (aβ)

für Punkte $\varkappa$ auf Scheibe I: $\varphi_{(\varkappa)} = \varphi_{\mathrm{I}} = -\frac{|\mathfrak{w}_l|}{c_{\mathfrak{c}.1-l}}$,

für Punkte $\varkappa$ auf Scheibe II: $\varphi_{(\varkappa)} = \varphi_{\mathrm{II}} = +\frac{|\mathfrak{w}_g|}{c_{0.2-g}}$.

Statt Gleichung 93b kann (s. Gleichung 49b und a) auch geschrieben werden:

$$H_{(l)} = -A_{x(l)} = -\frac{1}{w_{x(l)}} \sum_{\varkappa} \{\mathfrak{P}_\varkappa \mathfrak{w}_\varkappa + M_{(\varkappa)} \varphi_{(\varkappa)}\}. \tag{94}$$

Die virtuelle Arbeit (inneres Produkt) $\mathfrak{P}_\varkappa \mathfrak{w}_\varkappa$ kann, wie leicht ersichtlich, als Moment der Kraft $\mathfrak{P}_\varkappa$ bezüglich des Endpunktes $\bar{\bar{\varkappa}}$ des „gedrehten Weges" von $\varkappa$ aufgefaßt werden, d. h.: Nach Abschnitt II B 4b kann gesetzt werden:

$$\mathfrak{P}_\varkappa \mathfrak{w}_\varkappa = \pm |\mathfrak{P}_\varkappa| \varrho_\varkappa, \tag{95}$$

wobei $\varrho_\varkappa$ den kürzesten Abstand zwischen $\bar{\bar{\varkappa}}$ und der Wirkungslinie von $\mathfrak{P}_\varkappa$ bedeutet und jeweils das Zeichen $+$ oder $-$ gilt, je nachdem $\mathfrak{P}_\varkappa$ um $\bar{\bar{\varkappa}}$ im oder entgegen dem positiven Drehsinn zx dreht.

b) Biegemoment $B_{(j)}$ (s. Bild 49)

Zerschnitten wird die innere Drehfessel an der Stelle j, d. h.: An der Stelle j wird ein Gelenk eingelegt. Vom virtuellen Verschiebungszustand des damit beweglich gewordenen Systems sind ohne weiteres bekannt:

0.1 = l und 0.3 = r lt. (bα), 1.2 = j und 2.3 = g lt. (e).

0.2 liegt – lt. (dβ) – auf den Geraden 0.1, 1.2, $\bar{0}$.2 und 0.3, 2.3, 0.2.

Einer Stelle des Systems wird ein virtueller Weg erteilt, z. B. der Stelle g (s. Bild 49). Dieser Weg $\mathfrak{w}_g$ muß, da g sowohl eine Stelle von II als auch eine Stelle von III ist, lt. (aα) senkrecht zu den Polstrahlen 0.2–g und 0.3–g stehen; sein Absolutbetrag und sein Richtungs-Sinn werden beliebig gewählt. Den zugehörigen Weg $\mathfrak{w}_\varkappa$ jeder weiteren Stelle $\varkappa$ von II oder III, insbesondere auch den Weg $\mathfrak{w}_j$ von j auf II, erhält man – ausgehend von $\mathfrak{w}_g$ – durch Zeichnung nach (cα).

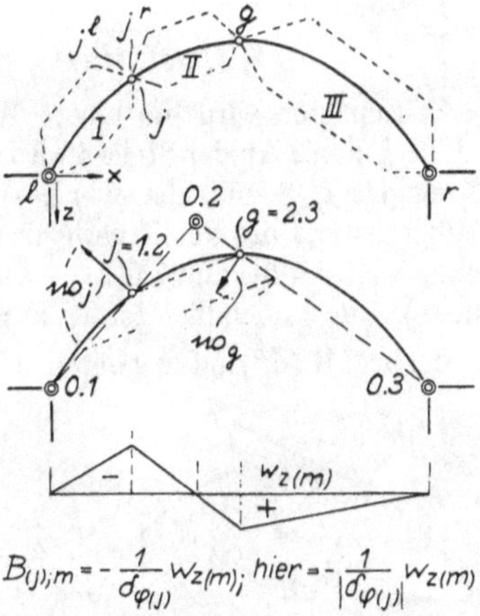

Bild 49. Virtuelle Verrückung zur Ermittlung eines Biegemomentes

Da j zugleich eine Stelle von I ist, erhält man – ausgehend von $\mathfrak{w}_j$ – den zugehörigen Weg jeder Stelle von I wiederum durch Zeichnung nach (cα).

Nach der lt. 90 abgewandelten Gleichung 50 gilt

$$B_{(j)} = -\frac{1}{\delta\varphi_{(j)}}\sum_{\varkappa}\{P_{x(\varkappa)}w_{x(\varkappa)} + P_{z(\varkappa)}w_{z(\varkappa)} + M_{(\varkappa)}\varphi_{(\varkappa)}\} \quad (96\text{a})$$

$$\text{oder } = -\frac{1}{\delta\varphi_{(j)}}\sum_{\varkappa}\{\mathfrak{P}_\varkappa\mathfrak{w}_\varkappa + M_{(\varkappa)}\varphi_{(\varkappa)}\}. \quad (96\text{b})$$

Darin ist z. B. – bei Anordnung und virtueller Verrückung nach Bild 49 – lt. Gleichung 91 und (aβ):

$$\delta\varphi_{(j)} = \varphi_{(jl)} - \varphi_{(jr)} = \varphi_{\mathrm{I}} - \varphi_{\mathrm{II}} = \frac{|\mathfrak{w}_j|}{c_{0.1-j}} - \left(-\frac{|\mathfrak{w}_j|}{c_{0.2-j}}\right).$$

Im übrigen gilt Entsprechendes, wie in Abschnitt III D 3a dargelegt.

c) Querkraft $Q_{(j)}$ (s. Bild 50)

Zerschnitten wird die innere Wegfessel parallel Z an der Stelle j, d. h.: An der Stelle j wird eine Linienführung parallel Z eingelegt (Schnittufer j^l, j^r). — Vom virtuellen Verschiebungszustand des damit beweglich gewordenen Systems sind ohne weiteres bekannt: $0.1 = l$ und $0.3 = r$ lt. (bα), $2.3 = g$ lt. (e), $1.2 =$ unendlich ferner Punkt von X lt. (f).

0.2 liegt lt. (dβ) auf den Geraden 0.3, 2.3, 0.2 und 0.1, 1.2, 0.2; 1.3 (im Bild 50 nicht eingetragen) liegt lt. (dβ) auf den Geraden 0.1, 0.3, 1.3 und 2.3, 1.2, 1.3.

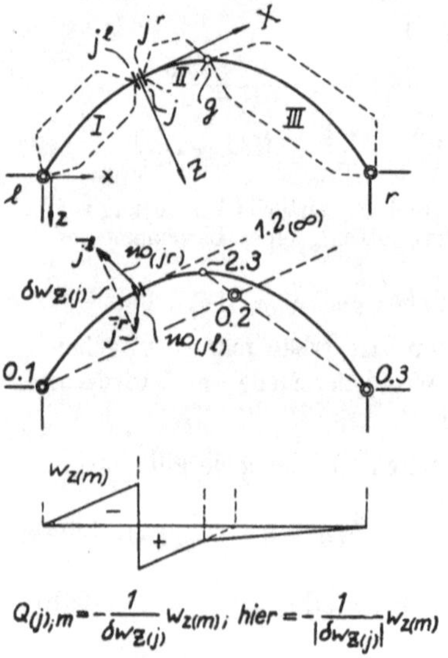

Bild 50. Virtuelle Verrückung zur Ermittlung einer Querkraft

Einer Stelle des Systems wird ein virtueller Weg erteilt, z. B. dem Schnittufer j^l auf I (s. Bild 50). Dieser Weg $\mathfrak{w}_{(jl)}$ muß lt. (aα) senkrecht zum Polstrahl $0.1 - j^l$ stehen; sein Absolutbetrag und sein Richtungs-Sinn werden beliebig gewählt.

Mit $\mathfrak{w}_{(jl)} = j^l \to \overline{j^l}$ liegt auch der Weg $\mathfrak{w}_{(jr)} = j^r \to \overline{j^r}$ von j^r fest: $\mathfrak{w}_{(jr)}$ muß, da j^r eine Stelle von II ist, lt. (aα) senkrecht zu $0.2 - j^r$ stehen, und der Wegsprung $\mathfrak{w}_{(jl)} - \mathfrak{w}_{(jr)}$

muß parallel zur eingelegten Linienführung bei j, also parallel Z sein (s. Bild 50). $\overline{j^r}$ liegt also auf dem Lot zu $0.2 - j^r$ und auf der Parallelen zu Z durch $\overline{j^l}$.

Den Weg $\mathfrak{w}_g$ von g erhält man – ausgehend von $\mathfrak{w}_{(jr)}$ – durch Zeichnung nach (cα). Den Weg jeder weiteren Stelle auf einer der Scheiben I, II, III erhält man – ausgehend von $\mathfrak{w}_{(jl)}$, $\mathfrak{w}_{(jr)}$ bzw. $\mathfrak{w}_g$ – wiederum durch Zeichnung nach (cα).

Nach der lt. 90 abgewandelten Gleichung 49 gilt

$$Q_{(j)} = -\frac{1}{\delta w_{Z(j)}} \sum_{\varkappa} \{P_{x(\varkappa)} w_{x(\varkappa)} + P_{z(\varkappa)} w_{z(\varkappa)} + M_{(\varkappa)} \varphi_{(\varkappa)}\} \quad (97\,\mathrm{a})$$

$$\text{oder} = -\frac{1}{\delta w_{Z(j)}} \sum_{\varkappa} \{\mathfrak{P}_{\varkappa} \mathfrak{w}_{\varkappa} + M_{(\varkappa)} \varphi_{(\varkappa)}\}. \quad (97\,\mathrm{b})$$

Darin ist z. B. – bei virtueller Verrückung und Anordnung nach Bild 50 – lt. Gleichung 91 und 92 –:

$$\delta w_{Z(j)} = w_{Z(jl)} - w_{Z(jr)} = -\,|\,w_{Z(jl)}\,| - |\,w_{Z(jr)}\,|$$

(w_Z kann aus Bild 50 abgegriffen werden). – Im übrigen gilt Entsprechendes, wie in Abschnitt III C 3a dargelegt.

4. Einflußlinien

Die Ermittlung der Einflußlinien mittels des Prinzips der virtuellen Verrückungen sei für Kräfte P_z auf der Fahrbahn eines Dreigelenkbogens lt. Bild 51 gezeigt. Zu betrachten ist also nach Abschnitt III D 1bβ der Belastungszustand „wandernde Kraft $P_z = 1$, momentan an einer Stelle m der Fahrbahn". Die Gleichung für eine Fessel- oder Schnittlast C_j lautet dann z. B. (s. die Gleichungen 93b, 96a, 97a):

$$\begin{aligned} H_{(l);\,m} &= -\frac{1}{w_{x(l)}} \cdot 1 \cdot w_{z(m)}, \\ B_{(j);\,m} &= -\frac{1}{\delta \varphi_{(j)}} \cdot 1 \cdot w_{z(m)}, \qquad (98) \\ Q_{(j);\,m} &= -\frac{1}{\delta w_{Z(j)}} \cdot 1 \cdot w_{z(m)}. \end{aligned}$$

Die Ordinaten einer Einflußlinie $C_{(j);\,m}$ zu Kräften P_z sind also die Wegkomponenten $w_{z(m)}$ der Fahrbahnpunkte m bei dem virtuellen Verschiebungszustand zur Ermittlung von $C_{(j)}$, multipliziert mit einem Faktor, z. B.

$$-\frac{1}{w_{x(l)}},\ -\frac{1}{\delta\varphi_{(j)}},\ -\frac{1}{\delta w_{Z(j)}}$$

(s. Bild 48, 49, 50).

Zunächst wird so getan, als ob jeder Fahrbahnpunkt m unmittelbar (durch lotrechte Ständer) mit der Systemlinie des Dreigelenkbogens verbunden wäre. Dann gilt, wie leicht ersichtlich, folgendes:

Im Bereich einer Scheibe E des beweglich gemachten Systems verläuft die Einflußlinie geradlinig; denn lt. Gleichung 92 gilt $w_{z(m)} = \varphi_E(x_{0.e} - x_m)$.

Unter dem Pol 0.e hat die zur Scheibe E gehörende Gerade der Einflußlinie die Ordinate 0: „Nullpunkte" der Einflußlinie.

Unter dem Relativpol $e.n$ zweier Scheiben E und N müssen sich – lt. (e) – die zu E und N gehörenden Geraden der Einflußlinie schneiden: „Eckpunkte" der Einflußlinie.

Sind zwei Scheiben E und N des beweglich gemachten Systems an einer Stelle j durch eine Linienführung verbunden, so liegt unter j ein Sprung der Einflußlinie vom Betrag der Wegsprung-Komponente $||\,z$: „Sprungstellen" der Einflußlinie. Da sich die durch eine Linienführung verbundenen Scheiben E und N nicht gegeneinander drehen können, sind die ihnen entsprechenden Geraden der Einflußlinie einander parallel.

Unter Berücksichtigung der voranstehenden Regeln kann eine Einflußlinie bereits auf Grund ihrer Nullpunkte, Eckpunkte und Sprungstellen – zunächst noch ohne bestimmten Maßstab – hingezeichnet werden, sobald die Pole und Relativpole ermittelt sind[1]).

[1]) Der Leser versuche dieses an Hand der in Bild 48, 49 und 50 gebrachten Einflußlinien! – Darin, daß mit Hilfe der Pole sofort die „Gestalt" der Einflußlinie bekannt ist, liegt die besondere Bedeutung des Verfahrens.

Zu einer so gezeichneten Einflußlinie $C_{(j);\,m}$ liegt auch der Maßstab fest, sobald irgendeine Ordinate η_i der Einflußlinie zahlenmäßig bekannt ist, d. h. sobald $C_{(j)}$ für den Belastungszustand „$P_z = 1$ an der Fahrbahn-Stelle i" berechnet ist (z. B. nach Gleichung 93b, 96a, 97a oder sonstwie). Oft er-

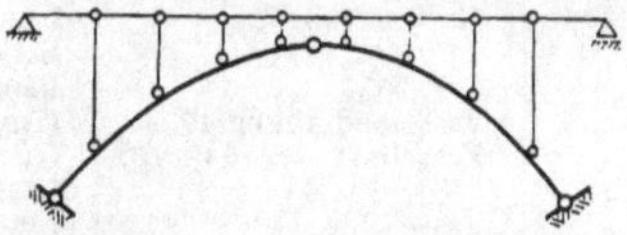

Bild 51. Mittelbar belasteter Dreigelenkbogen

übrigt sich dieses Vorgehen, indem die eine oder andere Ordinate der Einflußlinie von vornherein zahlenmäßig bekannt ist.

Abschließend wird der Tatsache Rechnung getragen, daß es sich (s. Bild 51) um einen mittelbar belasteten Stab handelt, indem lt. Abschnitt III B 2a die Einflußlinien-Punkte unter den Anschlußstellen von Zwischen- und Schleppträgern durch Geraden verbunden werden (s. z. B. Bild 36).

Ein Verzeichnis des Schrifttums befindet sich im dritten Band.

Sachverzeichnis

GESAMTVERZEICHNIS

SAMMLUNG GÖSCHEN

DAS WISSEN DER WELT IN KURZEN, KLAREN, ALLGEMEINVERSTÄNDLICHEN EINZELDARSTELLUNGEN NACH DEN LEHRPLÄNEN DER DEUTSCHEN UNIVERSITÄTEN UND HOCHSCHULEN AUFGEBAUT

JEDER BAND DM 2,40

DOPPELBAND DM 4,80

STAND MAI 1955

WALTER DE GRUYTER & CO.

BERLIN W 35

INHALTSVERZEICHNIS

Geisteswissenschaften

Philosophie · Pädagogik · Psychologie · Soziologie

Einführung in die Philosophie von *H. Leisegang*. 2. Auflage. 145 Seiten. 1953 . . . . Bd. 281

Erkenntnistheorie von *G. Kropp*. 1. Teil: Allgemeine Grundlegung. 143 Seiten. 1950 . . . . Bd. 807

Hauptprobleme der Philosophie von *G. Simmel*†. 7., unveränd. Auflage. 177 Seiten. 1950 . . . . Bd. 500

Geschichte der Philosophie

I: Die griechische Philosophie von *W. Capelle*. 1. Teil. Von Thales bis Leukippos. 2., erweiterte Auflage. 135 Seiten. 1953 . . . . Bd. 857

II: Die griechische Philosophie von *W. Capelle*. 2. Teil. Von der Sophistik bis zum Tode Platons. 2., stark erweiterte Auflage. 144 Seiten. 1953 . . . . Bd. 858

III: Die griechische Philosophie von *W. Capelle*. 3. Teil. Vom Tode Platons bis zur Alten Stoa. 2., stark erweiterte Auflage. 132 Seiten. 1954 . . . . . Bd. 859

IV: Die griechische Philosophie von *W. Capelle*. 4. Teil. Von der Alten Stoa bis zum Eklektizismus im 1. Jahrhundert v. Chr. 2., stark erweiterte Auflage. 132 Seiten. 1954 . . . . Bd. 863

V: Die Philosophie des Mittelalters von *J. Koch*. In Vorbereitung . . . . Bd. 826

VI: Von der Renaissance bis Kant von *K. Schilling*. 234 Seiten. 1954 . . . . Bd. 394 / 394a

VII: Immanuel Kant von *G. Lehmann*. In Vorbereitung . Bd. 536

VIII: Die Philosophie des 19. Jahrhunderts von *G. Lehmann*. 1. Teil. 151 Seiten. 1953 . . . . Bd. 571

IX: Die Philosophie des 19. Jahrhunderts von *G. Lehmann*. 2. Teil. 168 Seiten. 1953 . . . . Bd. 709

X: Die Philosophie im ersten Drittel des 20. Jahrhunderts von *G. Lehmann*. In Vorbereitung . . . . . . Bd. 845

Die geistige Situation der Zeit (1931) von *K. Jaspers*. 3., unveränderter Abdruck der 1932 bearbeiteten 5. Auflage. 211 Seiten. 1953 . . . . Bd. 1000

Philosophisches Wörterbuch von *M. Apel* †. 4., unveränderte Auflage. 260 Seiten. 1953 . . . . Bd. 1031

Philosophische Anthropologie von *M. Landmann*. In Vorbereitung . . . . Bd. 156/156a

Geschichte der Pädagogik von *H. Weimer*. 11., neubearbeitete und vermehrte Auflage. 176 Seiten. 1954 . . . . Bd. 145

Therapeutische Psychologie. Freud — Adler — Jung von *W. M. Kranefeldt*. Mit einer Einführung von *C. G. Jung*. 2. Auflage. 152 Seiten. 1950 . . . . Bd. 1034

Soziologie. Geschichte und Hauptprobleme von *L. von Wiese*. 5. Auflage. 162 Seiten. 1954 . . . . Bd. 110

Religionswissenschaften

Jesus von *M. Dibelius* †. 2. Auflage. Unveränderter Nachdruck. 137 Seiten. 1949 . . . . Bd. 1130

Paulus von *M. Dibelius* †. Nach dem Tode des Verfassers herausgegeben und zu Ende geführt von *W. G. Kümmel*. 155 Seiten. 1951 . . . . Bd. 1160

Musik

Musikästhetik von *H. J. Moser*. 180 Seiten. 1953 . . . . Bd. 344
Systematische Modulation von *R. Hernried*. 2. Auflage. 136 Seiten. 1950 . . . . Bd. 1094
Der polyphone Satz von *E. Pepping*. 1. Teil: Der cantus-firmus-Satz. 2. Auflage. 223 Seiten. 1950 . . . . Bd. 1148
Harmonielehre von *H. J. Moser*.
I: 109 Seiten. 1954 . . . . Bd. 809
Technik der deutschen Gesangskunst von *H. J. Moser*. Dritte, durchges. u. verbesserte Auflage. 144 Seiten mit 5 Fig. 1954 . . . . Bd. 576/576a
Die Kunst des Dirigierens von *H. W. von Waltershausen*. 2. Auflage. 138 Seiten. 1954 . . . . Bd. 1147
Die Technik des Klavierspiels aus dem Geiste des musikalischen Kunstwerkes von *K. Schubert* †. 3. Auflage. 110 Seiten. 1954 . . . . Bd. 1045
Die Musik des 19. Jahrhunderts von *W. Oehlmann*. 180 Seiten. 1953 . . . . Bd. 170
Allgemeine Musiklehre von *H. J. Moser*. 2., durchges. Auflage. 155 Seiten. 1955. . . . . . Bd. 220/220a

Kunst

Stilkunde von *H. Weigert*.
I: Vorzeit, Antike, Mittelalter. 2. Auflage. 136 Seiten. Mit 94 Abbildungen. 1953 . . . . Bd. 80
II: Spätmittelalter und Neuzeit. 2. Auflage. 146 Seiten. Mit 84 Abbildungen. 1953 . . . . Bd. 781

Geschichte

Einführung in die Geschichtswissenschaft von *P. Kirn*. 2. Auflage. 121 Seiten. 1952 . . . . Bd. 270
Archäologie von *A. Rumpf*.
I: Einleitung, historischer Überblick. 143 Seiten mit 6 Abbildungen im Text und 12 Tafeln. 1953 . . . . . Bd. 538
II: In Vorbereitung . . . . Bd. 539
Kultur der Urzeit von *F. Behn*. 4. Auflage der „Kultur der Urzeit". Band I–III von *M. Hoernes*.
I: Die vormetallischen Kulturen. (Die Steinzeiten Europas. Gleichartige Kulturen in anderen Erdteilen). 172 Seiten mit 48 Abbildungen. 1950 . . . . Bd. 564
II: Die älteren Metallkulturen. (Der Beginn der Metallbenutzung. Kupfer- und Bronzezeit in Europa, im Orient und in Amerika). 160 Seiten mit 67 Abbildungen. 1950 Bd. 565
III: Die jüngeren Metallkulturen. (Das Eisen als Kulturmetall. Hallstatt-Latène-Kultur in Europa. Das erste Auftreten des Eisens in den anderen Erdteilen). 149 Seiten mit 60 Abbildungen. 1950. . . . . Bd. 566
Vorgeschichte Europas von *F. Behn*. Völlig neue Bearbeitung der 7. Auflage der „Urgeschichte der Menschheit" von *M. Hoernes*. 125 Seiten mit 47 Abbildungen. 1949 . . . Bd. 42
Von den Karolingern zu den Staufern von *J. Haller*. Die altdeutsche Kaiserzeit (900–1250). 3. Auflage. 141 Seiten mit 4 Karten. 1944 . . . . Bd. 1065

Deutsche Geschichte im Zeitalter der Reformation, der Gegenreformation und des 30jährigen Krieges von *F. Hartung.* 129 Seiten. 1951 . . . . Bd. 1105

Quellenkunde der deutschen Geschichte im Mittelalter (bis zur Mitte des 15. Jahrhunderts) von *K. Jacob*†.

I: Einleitung. Allgemeiner Teil. Die Zeit der Karolinger. 5. Auflage. 118 Seiten. 1949 . . . . Bd. 279

II: Die Kaiserzeit (911 – 1250). 4. Auflage. 127 Seiten. 1949 . . . . Bd. 280

III: Das Spätmittelalter (vom Interregnum bis 1500). Unter Verwendung der Hinterlassenschaft herausgegeben von *F. Weden.* 152 Seiten. 1952 . . . . Bd. 284

Badische Geschichte von A. Krieger. 137 Seiten. 1921 . . . . Bd. 230

Geschichte Englands von *H. Preller.*

I: bis 1815. 3., stark umgearbeitete Auflage. 135 Seiten mit 7 Stammtafeln und 2 Karten im Text. 1952 . . . . Bd. 375

II: von 1815 bis 1910. 2., völlig umgearb. Auflage. 118 S. mit 1 Stammtafel und 7 Karten im Text. 1954 . . . Bd. 1088

Geschichte der Vereinigten Staaten von Amerika von *O., Graf zu Stolberg-Wernigerode.* In Vorbereitung . . . Bd. 1051/1051a

Deutsche Sprache und Literatur

Deutsches Rechtschreibungswörterbuch von *M. Gottschald.* 2., verbesserte Auflage. 269 Seiten. 1953 . . . . Bd. 200/200a

Deutsche Wortkunde von *A. Schirmer.* Eine kulturgeschichtliche Betrachtung des deutschen Wortschatzes. 3., durchgesehene Auflage. 109 Seiten. 1949 . . . . Bd. 929

Deutsche Sprachlehre von *W. Hofstaetter.* 9., neubearbeitete Auflage von *G. Spree.* 144 Seiten. 1953 . . . . Bd. 20

Stimmkunde für Beruf, Kunst und Heilzwecke von *H. Biehle.* 111 Seiten. 1955 . . . . Bd. 60

Redetechnik von *H. Biehle.* Einführung in die Rhetorik. 115 Seiten. 1954 . . . . Bd. 61

Sprechen und Sprachpflege von *H. Feist.* (Die Kunst des Sprechens). 2., verbesserte Auflage. 99 Seiten mit 25 Abbildungen. 1952 . . . . Bd. 1122

Deutsches Dichten und Denken von der germanischen bis zur staufischen Zeit von *H. Naumann.* (Deutsche Literaturgeschichte vom 5.–13. Jahrhundert). 2., verbesserte Auflage. 166 Seiten. 1952 . . . . Bd. 1121

Deutsches Dichten und Denken vom Mittelalter zur Neuzeit von *G. Müller* (1270–1700). 2., durchgesehene Auflage. 159 Seiten. 1949 . . . . Bd. 1086

Deutsches Dichten und Denken von der Aufklärung bis zum Realismus von *K. Viëtor* (Deutsche Literaturgeschichte von 1700–1890). 2., durchgesehene Auflage. 156 Seiten. 1949 . . . . Bd. 1096

Der Nibelunge Nôt in Auswahl mit kurzem Wörterbuch von *K. Langosch.* 9., umgearbeitete Auflage. 164 Seiten. 1953 . . . . Bd. 1

Die deutschen Personennamen von *M. Gottschald.* 2., verbesserte Auflage. 151 Seiten. 1955 . . . . Bd. 422

Indogermanisch · Germanisch

Gotisches Elementarbuch von *H. Hempel.* Grammatik, Texte mit Übersetzung und Erläuterungen. 2., umgearbeitete Auflage. 165 Seiten. 1953 . . . . Bd. 79

Germanische Sprachwissenschaft von *H. Krahe.* 2. Auflage.
II: Formenlehre. 140 Seiten. 1948 . . . . Bd. 780

Althochdeutsches Elementarbuch von *H. Naumann* † und *W. Betz.* 2. Auflage. 156 Seiten. 1954 . . . . Bd. 1111

Mittelhochdeutsches Elementarbuch von *H. de Boor.* In Vorbereitung . . . . Bd 1108

Altnordisches Elementarbuch von *F. Ranke.* Schrifttum, Sprache, Texte mit Übersetzung und Wörterbuch. 2., durchgesehene Auflage. 146 Seiten. 1949 . . . . . Bd. 1115

Englisch · Französisch · Italienisch

Altenglisches Elementarbuch von *M. Lehnert.* Einführung, Grammatik, Texte mit Übersetzung und Wörterbuch. 3., verbesserte Auflage. 178 Seiten. 1955 . . . . Bd. 1125

Englische Literaturgeschichte.
I: Die alt- und mittelenglische Periode von *F. Schubel.* 163 Seiten. 1954 . . . . Bd. 1114
II: Von der Renaissance bis zur Aufklärung von *Paul Meissner*†. 139 Seiten. 1937 . . . . Bd. 1116
III: Romantik und Viktorianismus von *Paul Meissner*†. 150 Seiten. 1938 . . . . Bd. 1124
IV: Das 20. Jahrhundert von *Paul Meissner*†. 150 Seiten. 1939 . . . . Bd. 1136

Beowulf von *M. Lehnert.* Eine Auswahl mit Einführung, teilweiser Übersetzung, Anmerkungen und etymologischem Wörterbuch. 2., verbesserte Auflage. 135 Seiten. 1949 Bd. 1135

Shakespeare von *P. Meissner*†. 2. Auflage, neubearbeitet von M. Lehnert. 136 Seiten. 1954 . . . . Bd. 1142

Romanische Sprachwissenschaft von *H. Lausberg.*
I: Einleitung und Vokalismus. In Vorbereitung . . . . Bd. 128
II: Konsonantismus. In Vorbereitung . . . . Bd. 250

Italienische Literaturgeschichte von *K. Vossler.* Unveränderter Nachdruck der 1927 erschienenen 4., durchgesehenen und verbesserten Auflage. 148 Seiten. 1948 . . . . Bd. 125

Griechisch · Lateinisch

Griechische Sprachwissenschaft von *W. Brandenstein.*
I: Einleitung, Lautsystem, Etymologie. 160 Seiten. 1954 Bd. 117

Geschichte der griechischen Sprache
I: Bis zum Ausgang der klassischen Zeit. Von *O. Hoffmann*†. 3., umgearbeitete Auflage von *A. Debrunner.* 156 Seiten. 1954 . . . . Bd. 111
II: Grundfragen und Grundzüge d. nachklass. Griechisch. Von *A. Debrunner.* 144 Seiten. 1954 . . . . Bd. 114

Geschichte der griechischen Literatur von *W. Nestle.* 2., verbesserte Auflage.
I: Von den Anfängen bis auf Alexander d. Gr. 148 Seiten 1950 . . . . Bd. 70
II: Von Alexander d. Gr. bis zum Ausgang der Antike. 128 Seiten. 1948 . . . . Bd. 557

Geschichte der lateinischen Sprache von *F. Stolz* †. 3., stark umgearbeitete Auflage von *A. Debrunner*. 136 Seiten. 1953 . . . . Bd. 492

Hebräisch · Sanskrit · Russisch

Hebräische Grammatik von *G. Beer*†. 2., völlig neubearbeitete Auflage von *R. Meyer*.
I: Schrift-, Laut- und Formenlehre I. 157 Seiten. 1952. Bd. 763/763a
II: Schrift-, Laut- und Formenlehre II. 195 Seiten. 1955 . . . . Bd. 764/764a

Sanskrit-Grammatik von *M. Mayrhofer*. 89 Seiten. 1953 . . . Bd. 1158

Russische Grammatik von *G. Berneker*. 6., unveränderte Auflage von *M. Vasmer*. 155 Seiten. 1947 . . . . Bd. 66

Erd- und Länderkunde

Afrika von *F. Jaeger*. Ein geographischer Überblick. 2., umgearbeitete Auflage.
I: Der Lebensraum. 179 Seiten mit 18 Abbildungen. 1954 Bd. 910
II: Mensch und Kultur. 155 Seiten mit 6 Abbildungen. 1954 Bd. 911

Australien und Ozeanien von *H. J. Krug*. 176 Seiten mit 46 Skizzen. 1953 . . . . Bd. 319

Kartenkunde von *M. Eckert-Greifendorff*†. 3., durchgesehene Auflage von *W. Kleffner*. 149 Seiten mit 63 Abb. 1950 Bd. 30

Volkswirtschaft · Publizistik

Allgemeine Betriebswirtschaftslehre von *K. Mellerowicz*. 8., unveränderte Auflage.
I: 142 Seiten. 1954 . . . . Bd. 1008
II: 112 Seiten. 1954 . . . . Bd. 1153
III: 143 Seiten. 1954 . . . . Bd. 1154

Allgemeine Volkswirtschaftslehre von *A. Paulsen*.
I: In Vorbereitung . . . . Bd. 1169

Zeitungslehre von *E. Dovifat*. 3., neubearbeitete Auflage. 1955.
I: 148 Seiten. 1955 . . . . Bd. 1039
II: 158 Seiten. 1955. . . . . Bd. 1040

Naturwissenschaften

Mathematik

Geschichte der Mathematik von *J. E. Hofmann*.
I: Von den Anfängen bis zum Auftreten von Fermat und Descartes. 200 Seiten. 1953 . . . . Bd. 226

Mathematische Formelsammlung von *F. Ringleb*. Vollständig umgearbeitete Neuausgabe des Werkes von *O. Th. Bürklen*. 6., durchgesehene Aufl. 274 Seiten mit 57 Figuren. 1955. In Vorbereitung . . . . Bd. 51

Fünfstellige Logarithmen von *A. Adler*. Mit mehreren graphischen Rechentafeln und häufig vorkommenden Zahlwerten. 2. Auflage. Neudruck. 127 Seiten mit 1 Tafel. 1949 . . . . Bd. 423

Höhere Algebra von *H. Hasse*. 3., verbesserte Auflage.
I: Lineare Gleichungen. 152 Seiten. 1951 . . . . Bd. 931
II: Gleichungen höheren Grades. 158 Seiten mit 5 Figuren. 1951 . . . . Bd. 932

Aufgabensammlung zur höheren Algebra von *H. Hasse* und *W. Klobe*. 2., verbesserte und vermehrte Auflage. 181 Seiten. 1952 . . . . Bd. 1082

Elementare und klassische Algebra vom modernen Standpunkt von *W. Krull*. 2., erweiterte Auflage.
I: 136 Seiten. 1952 . . . . Bd. 930

Einführung in die Zahlentheorie von *A. Scholz*†. 2. Auflage, überarbeitet von *B. Schoeneberg*. 128 Seiten. 1955. . . Bd. 1131

Gruppentheorie von *L. Baumgartner*. 2. Auflage. 115 Seiten mit 6 Figuren. 1949 . . . . Bd. 837

Funktionentheorie von *K. Knopp*. 8. Auflage.
I: Grundlagen der allgemeinen Theorie der analytischen Funktionen. 139 Seiten mit 8 Fig. 1955 . . . . Bd. 668
II: Anwendungen und Weiterführung der allgemeinen Theorie. 130 Seiten mit 7 Fig. 1955 . . . . Bd. 703

Aufgabensammlung zur Funktionentheorie von *K. Knopp*. 4. Auflage.
I: Aufgaben zur elementaren Funktionentheorie. 135 Seiten. 1949 . . . . Bd. 877
II: Aufgaben zur höheren Funktionentheorie. 151 Seiten. 1949 . . . . Bd. 878

Elemente der Funktionentheorie von *K. Knopp*. 4. Auflage. 144 Seiten mit 23 Fig. 1955 . . . . Bd. 1109

Differentialrechnung von *A. Witting*†. 3., neubearbeitete Auflage. Durchgesehener Neudruck. 201 Seiten mit 95 Figuren und 200 Beispielen. 1949 . . . . Bd. 87

Repetitorium und Aufgabensammlung zur Differentialrechnung von *A. Witting*†. 2., neubearbeitete Auflage. Durchgesehener Neudruck. 145 Seiten. 1949 . . . . Bd. 146

Integralrechnung von *A. Witting*†. 2., verbesserte Auflage. Durchgesehener Neudruck. 176 Seiten mit 62 Figuren und 190 Beispielen. 1949 . . . . Bd. 88

Repetitorium und Aufgabensammlung zur Integralrechnung von *A. Witting*†. 2., neubearbeitete Auflage. Durchgesehener Neudruck. 121 Seiten mit 32 Figuren und 309 Beispielen. 1949. . . . . Bd. 147

Gewöhnliche Differentialgleichungen von *G. Hoheisel*. 4., neubearbeitete Auflage. 129 Seiten. 1951 . . . . Bd. 920

Partielle Differentialgleichungen von *G. Hoheisel*. 3., neubearbeitete Auflage. 130 Seiten. 1953 . . . . Bd. 1003

Aufgabensammlung zu den gewöhnlichen und partiellen Differentialgleichungen von *G. Hoheisel*. 2., umgearbeitete Auflage. 124 Seiten. 1952 . . . . Bd. 1059

Mengenlehre von *E. Kamke*. 3. Auflage. In Vorbereitung. Bd. 999/999a

Darstellende Geometrie von *W. Haack*.

I: Die wichtigsten Darstellungsmethoden. Grund- und Aufriß ebenflächiger Körper. 110 Seiten mit 117 Abbildungen. 1954 . . . . Bd. 142

II: Körper mit krummen Begrenzungsflächen. Kotierte Projektionen. 129 Seiten mit 86 Abbildungen. 1954 . . Bd. 143

Sammlung von Aufgaben und Beispielen zur analytischen Geometrie der Ebene von *R. Haussner*. Mit den vollständigen Lösungen. 139 Seiten mit 22 Figuren im Text. Neudruck. 1949 . . . . Bd. 256

Nichteuklidische Geometrie von *R. Baldus*†. Hyperbolische Geometrie der Ebene. 3., verbesserte Auflage, durchgesehen und herausgegeben von *F. Löbell*. 140 Seiten mit 70 Figuren im Text. 1953 . . . . Bd. 970

Differentialgeometrie von *K. Strubecker* (früher Rothe).

I: Kurventheorie der Ebene und des Raumes. 150 Seiten mit 18 Figuren. 1955 . . . . Bd. 1113/1113a

Einführung in die konforme Abbildung von *L. Bieberbach*. 4. Auflage. 147 Seiten mit 42 Zeichnungen. 1949 . . . Bd. 768

Vektoranalysis von *S. Valentiner*. Neudruck der 7. Auflage (1950). 138 Seiten mit 19 Figuen. 1954 . . . . Bd. 354

Vermessungskunde von *P. Werkmeister*.

I: Stückmessung und Nivellieren. 9. Auflage. 165 Seiten mit 145 Figuren. 1949 . . . . Bd. 468

II: Messung von Horizontalwinkeln. Festlegung von Punkten im Koordinatensystem. Absteckungen. 7. Auflage. 151 Seiten mit 93 Figuren. 1949 . . . . Bd. 469

III: Trigonometrische und barometrische Höhenmessung. Tachymetrie und Topographie. 6. Auflage. 147 Seiten mit 64 Figuren. 1949 . . . . Bd. 862

Versicherungsmathematik von *F. Böhm*.

I: Elemente der Versicherungsrechnung. 3., vermehrte und verbesserte Auflage. Durchgesehener Neudruck. 151 Seiten. 1954. . . . . Bd. 180

II: Lebensversicherungsmathematik. Einführung in die technischen Grundlagen der Sozialversicherung. 2., verbesserte Auflage. 205 Seiten. 1953 . . . . Bd. 917/917a

Physik

Einführung in die theoretische Physik von *W. Döring*.
I: Mechanik. 119 Seiten mit 29 Abbildungen. 1954 . . . Bd. 76
II: Das elektromagnetische Feld. 123 Seiten mit 15 Abbildungen. 1955 . . . . Bd. 77
III: Optik. Mit 35 Abbildungen. 1955. In Vorbereitung . . Bd. 78

Atomphysik von *K. Bechert* u. *Ch. Gerthsen*. 3., umgearb. Aufl.
I: Allgemeine Grundlagen. I. Teil von *Ch. Gerthsen*. 123 Seiten mit 35 Abbildungen. 1955 . . . . Bd. 1009
II: Allgemeine Grundlagen. II. Teil von *Ch. Gerthsen*. 112 Seiten mit 48 Abbildungen. 1955. . . . . Bd. 1033
III: Theorie des Atombaus. 1. Teil von *K. Bechert*. 148 Seitenmit 16 Abbildungen. 1954 . . . . Bd. 1123/1123a
IV: Theorie des Atombaus. 2. Teil von *K. Bechert*. 170 Seiten mit 14 Abbildungen. 1954 . . . . Bd. 1165/1165a

Differentialgleichungen der Physik von *F. Sauter*. 2. Auflage. 148 Seiten mit 16 Figuren. 1950 . . . . Bd. 1070

Physikalische Formelsammlung von *G. Mahler* und *K. Mahler*. 9. Auflage. 1955. In Vorbereitung. . . . . Bd. 136

Physikalische Aufgabensammlung von *G. Mahler* u. *K. Mahler*. Mit den Ergebnissen. 8. Aufl. 1955. In Vorbereitung Bd. 243

Chemie

Geschichte der Chemie von *G. Lockemann*. In kurzgefaßter Darstellung.
I: Vom Altertum bis zur Entdeckung des Sauerstoffs. 142 Seiten mit 8 Bildnissen. 1950 . . . . Bd. 264
II: Von der Entdeckung des Sauerstoffs bis zur Gegenwart. 151 Seiten mit 16 Bildnissen. 1955 . . . . . . Bd. 265/265a

Anorganische Chemie von *W. Klemm*. 8. Auflage. 184 Seiten mit 18 Abbildungen. 1954 . . . . Bd. 37

Organische Chemie von *W. Schlenk*. 6., erweiterte Auflage. 263 Seiten. 1954 . . . . Bd. 38/38a

Allgemeine und physikalische Chemie von *W. Schulze*.
I: 1955. In Vorbereitung . . . . Bd. 71
II: 1955. In Vorbereitung . . . . Bd. 698
III: Molekülbau. 1955. In Vorbereitung . . . . Bd. 786

Analytische Chemie von *J. Hoppe*. 5., verbesserte Auflage.
I: Reaktionen. 135 Seiten. 1950 . . . . Bd. 247
II: Gang der qualitativen Analyse. 166 Seiten. 1950 . . . . Bd. 248

Maßanalyse von *G. Jander* und *K. F. Jahr*. Theorie und Praxis der klassischen und der elektrochemischen Titrierverfahren. 7. Auflage.
I: 1955. In Vorbereitung . . . . Bd. 221
II: 1955. In Vorbereitung . . . . Bd. 1002

Thermochemie von *W. A. Roth*. 2., verbesserte Auflage. 109 Seiten mit 16 Figuren. 1952 . . . . Bd. 1057

Physikalisch-chemische Rechenaufgaben von *E. Asmus*. 2. Auflage. 96 Seiten. 1949 . . . . Bd. 445

Stöchiometrische Aufgabensammlung von *W. Bahrdt* und *R. Scheer*. Mit den Ergebnissen. 5., verbesserte Auflage. 120 Seiten. 1952 . . . . Bd. 452

Elektrochemie und ihre physikalisch-chemischen Grundlagen von *A. Dassler*.
I: 149 Seiten mit 21 Abbildungen. 1950 . . . . Bd. 252
II: 178 Seiten mit 17 Abbildungen. 1950 . . . . Bd. 253

Technologie

Warenkunde von *K. Hassak*† und *E. Beutel*†. 7. Auflage. Neubearbeitet von *A. Kutzelnigg*.
I: Anorganische Waren sowie Kohle und Erdöl. 116 Seiten mit 19 Figuren. 1947 . . . . Bd. 222
II: Organische Waren. 143 Seiten mit 32 Figuren. 1949 . . Bd. 223

Die Fette und Öle von *K. Braun*†. 5., völlig neubearbeitete und verbesserte Auflage von *Th. Klug*. 145 Seiten. 1950 . . Bd. 335

Die Seifenfabrikation von *K. Braun*†. 3., neubearbeitete und verbesserte Auflage von *Th. Klug*. 116 Seiten mit 18 Abbildungen. 1953 . . . . Bd. 336

Textilindustrie.
I: Spinnerei und Zwirnerei von *A. Blümcke*. 112 Seiten mit 43 Abbildungen. 1954 . . . . Bd. 184

Biologie

Hormone von *G. Koller*. 2., neubearbeitete und erweiterte Auflage. 187 Seiten mit 60 Abbildungen und 19 Tabellen. 1949 . . . . Bd. 1141

Fortpflanzung im Tier- und Pflanzenreich von *J. Hämmerling*. 2., ergänzte Auflage. 135 Seiten mit 101 Abbildungen. 1951 . . . . Bd. 1138

Geschlecht und Geschlechtsbestimmung im Tier- und Pflanzenreich von *M. Hartmann*. 2., verbesserte Auflage. 116 Seiten mit 61 Abbildungen und 7 Tabellen. 1951 . Bd. 1127

Grundriß der allgemeinen Mikrobiologie von *W. Schwartz*.
I: 104 Seiten mit 17 Abbildungen. 1949 . . . . Bd. 1155
II: 93 Seiten mit 12 Abbildungen. 1949 . . . . Bd. 1157

Symbiose der Tiere mit pflanzlichen Mikroorganismen von *P. Buchner*. 2., verbesserte und vermehrte Auflage. 130 Seiten mit 121 Abbildungen. 1949 . . . . Bd. 1128

Botanik

Entwicklungsgeschichte des Pflanzenreiches von *H. Heil*. 2. Auflage. 138 Seiten mit 94 Abbildungen und 1 Tabelle. 1950 Bd. 1137

Morphologie der Pflanzen von *L. Geitler*. 3. Auflage. 126 Seiten mit 114 Abbildungen. 1953 . . . . Bd. 141

Pflanzenzüchtung von *H. Kuckuck*. 3., völlig umgearbeitete Auflage.
I: Grundzüge der Pflanzenzüchtung. 132 Seiten mit 22 Abbildungen. 1952 . . . . Bd. 1134

Die Laubhölzer von *F. W. Neger*† und *E. Münch*†. Kurzgefaßte Beschreibung der in Mitteleuropa gedeihenden Laubbäume und Sträucher. 3., durchgesehene Auflage, herausgegeben von *B. Huber*. 143 Seiten mit 63 Figuren und 7 Tabellen. 1950 . . . . Bd. 718

Die Nadelhölzer (Koniferen) und übrigen Gymnospermen von *F. W. Neger*† und *E. Münch*†. 4. Auflage. Durchgesehen und ergänzt von *B. Huber*. 140 Seiten mit 75 Figuren, 4 Tabellen und 3 Karten. 1952 . . . . Bd. 355

Zoologie

Entwicklungsphysiologie der Tiere von *F. Seidel.*
I: Ei und Furchung. 126 Seiten mit 29 Abbildungen. 1953 . . . . Bd. 1162
II: Körpergrundgestalt und Organbildung. 159 Seiten mit 42 Abbildungen. 1953 . . . . Bd. 1163

Das Tierreich.
Fische von *D. Lüdemann.* 130 Seiten mit 65 Abbildungen. 1955. Bd. 356
Insekten von *H. von Lengerken.* 128 Seiten mit 58 Abbildungen. 1953 . . . . Bd. 594
Lurche von *K. Herter.* 140 Seiten mit 129 Abbild. 1955 Bd. 847
Spinnentiere von *A. Kaestner.* 96 S. mit 55 Abb. 1955. Bd. 1161
Würmer von *S. Jaeckel.* 112 Seiten mit 36 Abbild. 1955 Bd. 439
Weichtiere von *S. Jaeckel.* 92 Seiten mit 34 Abbildungen. 1954 . . . . Bd. 440
Stachelhäuter von *S. Jaeckel.* 1955. In Vorbereitung . . . . Bd. 441

Vergleichende Physiologie der Tiere von *K. Herter.* 3. Auflage der „Tierphysiologie".
I: Stoff- und Energiewechsel. 155 Seiten mit 64 Abbild. 1950 . . . . Bd. 972
II: Bewegung und Reizerscheinungen. 148 Seiten mit 110 Abbildungen. 1950 . . . . Bd. 973

Land- und Forstwirtschaft

Landwirtschaftliche Tierzucht von *H. Vogel.* Die Züchtung und Haltung der landwirtschaftlichen Nutztiere. 139 Seiten mit 11 Abbildungen. 1952 . . . . Bd. 228

Kulturtechnische Bodenverbesserungen von *O. Fauser.* 4., neubearbeitete Auflage.
I: Allgemeines, Entwässerung. 122 Seiten mit 47 Abbildungen. 1947 . . . . Bd. 691
II: Bewässerung, Ödlandkultur, Umlegung. 150 Seiten mit 67 Abbildungen. 1949 . . . . Bd. 692

Agrikulturchemie von *K. Scharrer.*
I: Pflanzenernährung. 143 Seiten. 1953 . . . . Bd. 329

Geologie · Mineralogie · Kristallographie

Kristallographie von *W. Bruhns†* und *P. Ramdohr.* 4. Auflage. 106 Seiten mit 163 Abbildungen. 1954 . . . . Bd. 210

Einführung in die Kristalloptik von *E. Buchwald.* 4., verbess. Auflage. 138 Seiten mit 121 Figuren. 1952 . . . . . . Bd. 619

Lötrohrprobierkunde von *M. Henglein.* Mineraldiagnose mit Lötrohr- und Tüpfelreaktion. 3., verbesserte Auflage. 91 Seiten mit 11 Figuren. 1949 . . . . Bd. 483

Mineral- und Erzlagerstättenkunde von *H. Huttenlocher.*
I: 128 Seiten mit 34 Abbildungen. 1954 . . . . Bd. 1014
II: 156 Seiten mit 48 Abbildungen. 1954 . . . . . Bd. 1015/1015a

Mineralogie von *R. Brauns†* und *K. F. Chudoba.* 9. Auflage.
I: Allgemeine Mineralogie. 104 Seiten mit 107 Figuren, 1 Tafel, 2 Tabellen. 1955 . . . . Bd. 29
II: Spezielle Mineralogie. 133 Seiten mit 105 Figuren. 1955 Bd. 31

Petrographie. Von *W. Bruhns†* und *P. Ramdohr.* 4., durchgesehene Auflage. 104 Seiten mit 10 Figuren. 1955 . . . Bd. 173

Geologie von *F. Lotze.* 176 Seiten mit 80 Abbildungen. 1955 . Bd. 13

Technik

Elektrotechnik

Die Gleichstrommaschine von *K. Humburg.* Durchgesehener Neudruck.
I: 102 Seiten mit 59 Abbildungen. 1949 . . . . Bd. 257
II: 98 Seiten mit 38 Abbildungen. 1949 . . . . Bd. 881

Die synchrone Maschine von *K. Humburg.* Neudruck. 109 Seiten mit 78 Bildern. 1951 . . . . Bd. 1146

Induktionsmaschinen von *F. Unger.* 2., erweiterte Auflage. 142 Seiten mit 49 Abbildungen. 1954 . . . . Bd. 1140

Die komplexe Berechnung von Wechselstromschaltungen von *H. H. Meinke.* 160 Seiten mit 114 Abbildungen. 1949 . Bd. 1156

Theoretische Grundlagen zur Berechnung der Schaltgeräte von *F. Kesselring.* 3. Auflage. 144 Seiten mit 92 Abbildungen. 1950 . . . . Bd. 711

Elektromotorische Antriebe (Grundlagen für die Berechnung) von *A. Schwaiger.* 3., neubearbeitete Auflage. 96 Seiten mit 34 Abbildungen. 1952 . . . . Bd. 827

Technische Tabellen und Formeln von *W. Müller.* 4., verbesserte und erweiterte Auflage von *E. Schulze.* 152 Seiten mit 105 Figuren. 1951 . . . . Bd. 579

Überspannungen und Überspannungsschutz von *G. Frühauf.* Durchgesehener Neudruck. 122 Seiten mit 98 Abbildungen. 1950 . . . . Bd. 1132

Maschinenbau

Metallkunde. Einführendes über Aufbau, Eigenschaften und Untersuchung von Metallen und Legierungen sowie über Grundlagen des Schmelzens, des Gießens, des Verformens, der Wärmebehandlung, der Oberflächenbehandlung, der Verbinde- und Trennarbeiten von *H. Borchers.*
I: Aufbau der Metalle und Legierungen. 3. Auflage. 1955. In Vorbereitung . . . . Bd. 432
II: Eigenschaften. Grundzüge der Form- und Zustandsgebung. 2. Auflage. 154 Seiten mit 8 Tabellen und 100 Abbildungen. 1952 . . . . Bd. 433

Dynamik von *W. Müller.* 2., verbesserte Auflage.
I: Dynamik des Einzelkörpers. 128 Seiten mit 48 Figuren. 1952 . . . . Bd. 902
II: Systeme von starren Körpern. 102 Seiten mit 41 Figuren. 1952 . . . . Bd. 903

Technische Schwingungslehre von *L. Zipperer.* 2., neubearbeitete Auflage.
I: Allgemeine Schwingungsgleichungen, einfache Schwinger. 120 Seiten mit 101 Abbildungen. 1953 . . . . . Bd. 953
II: Torsionsschwingungen in Maschinenanlagen. 102 Seiten mit 59 Abbildungen. 1955. . . . . Bd. 961/961a

Werkzeugmaschinen von *K. P. Matthes.*
I: 110 Seiten mit 27 Abbildungen, 11 Zahlentafeln im Text und 1 Tafelanhang. 1954 . . . . Bd. 561
II: 1955. In Vorbereitung . . . . Bd. 562

Die Maschinenelemente von *E. A. vom Ende.* 2., verbesserte Auflage. 159 Seiten mit 173 Figuren und 12 Tafeln. 1950 Bd. 3

Das Maschinenzeichnen mit Einführung in das Konstruieren von *W. Tochtermann.* 4. Auflage.
I: Das Maschinenzeichnen. 156 Seiten mit 77 Tafeln. 1950 Bd. 589
II: Ausgeführte Konstruktionsbeispiele. 130 Seiten mit 58 Tafeln. 1950 . . . . Bd. 590

Getriebelehre von *P. Grodzinski.* 2., neubearbeitete Auflage.
I: Geometrische Grundlagen. 159 Seiten mit 142 Figuren. 1953 . . . . Bd. 1061

Gießereitechnik von *H. Jungbluth.*
I: Eisengießerei. 126 Seiten mit 44 Abbildungen. 1951 . . Bd. 1159

Die Dampfkessel und Feuerungen einschließlich Hilfseinrichtungen in Theorie, Konstruktion und Berechnung von *W. Marcard*†. 2. Auflage. Neubearbeitet von *K. Beck.*
I: Die theoretischen Grundlagen. Wärme, Verbrennung, Wärmeübertragung. 150 Seiten mit 42 Abbildungen und 16 Tabellen. 1951 . . . . Bd. 9
II: Dampfkessel. 147 Seiten mit 43 Abbildungen. 1952 . . Bd. 521

Dampfturbinen von *C. Zietemann.* 3., verbesserte Auflage.
I: In Vorbereitung . . . . Bd. 274

Technische Thermodynamik von *W. Nusselt.*
I: Grundlagen. 3., verbesserte Auflage. 144 Seiten mit 71 Abbildungen. 1950 . . . . Bd. 1084
II: Theorie der Wärmekraftmaschinen. Neudruck. 144 Seiten mit 87 Abbildungen und 32 Zahlentafeln. 1951 . . Bd. 1151

Autogenes Schweißen und Schneiden von *H. Niese.* 5. Auflage. Neubearbeitet von *A. Küchler.* 136 Seiten mit 71 Figuren. 1954 . . . . Bd. 499

Elektrische Schweißverfahren von *H. Niese.* 2. Auflage. Neubearbeitet von *H. Dienst.* 136 Seiten mit 58 Abbildungen. 1955 . . . . Bd. 1020

Hebezeuge von *G. Tafel.*
I: 2., verbesserte Auflage. 276 Seiten mit 230 Figuren. 1954 . . . . Bd 414/414a

Wasserbau

Wasserkraftanlagen von *A. Ludin.*
I: Planung, Grundlagen und Grundzüge. 124 Seiten mit 60 Abbildungen. 1955 . . . . Bd. 665
II: In Vorbereitung . . . . Bd. 666

Verkehrswasserbau von *H. Dehnert.*
I: Entwurfsgrundlagen, Flußregelungen. 103 Seiten mit 52 Textabbildungen. 1950 . . . . Bd. 585
II: Flußkanalisierungen und Schiffahrtskanäle. 94 Seiten mit 60 Textabbildungen. 1950 . . . . Bd. 597
III: Schleusen und Hebewerke. 98 Seiten mit 70 Textabbildungen. 1950 . . . . Bd. 1152

Talsperren von *F. Tölke.* 122 Seiten mit 70 Abbildungen. 1953 Bd. 1044

Wehr- und Stauanlagen von *H. Dehnert.* 134 Seiten mit 90 Abbildungen. 1952 . . . . Bd. 965

Hoch- und Tiefbau

Die wichtigsten Baustoffe des Hoch- und Tiefbaus von *O. Graf.* 4., verbesserte Auflage. 131 Seiten mit 63 Abbildungen. 1953 . . . . Bd. 984

Baustoffverarbeitung und Baustellenprüfung des Betons von *A. Kleinlogel.* 2., neubearbeitete und erweiterte Auflage. 126 Seiten mit 35 Abbildungen. 1951 . . . . . . Bd. 978

Festigkeitslehre von *W. Gehler*† und *W. Herberg.*

I: Elastizität, Plastizität und Festigkeit der Baustoffe und Bauteile. Durchgesehener und erweiterter Neudruck. 159 Seiten mit 18 Bildern. 1952 . . . . Bd. 1144

II: Formänderung, Platten, Stabilität und Bruchhypothesen. Bearb. von W. Herberg und N. Dimitrov. 187 Seiten mit 94 Bildern. 1955 . . . . Bd. 1145/1145a

Grundlagen des Stahlbetonbaus von *A. Troche.* 2., neubearbeitete und erweiterte Auflage. 208 Seiten mit 75 Abbildungen, 17 Bemessungstafeln und 20 Rechenbeispielen. 1953 . . . . Bd. 1078

Fenster, Türen, Tore aus Holz und Metall. Eine Anleitung zu ihrer guten Gestaltung, wirtschaftlichen Bemessung und handwerksgerechten Konstruktion von *W. Wickop.* 4., überarbeitete Auflage. 155 Seiten mit 95 Abbildungen 1955 . . . . Bd. 1092

Heizung und Lüftung von *J. Körting*† und *W. Körting.* 8., neubearbeitete Auflage.

I: Das Wesen und die Berechnung der Heizungs- und Lüftungsanlagen. 140 Seiten mit 29 Abbildungen und 18 Zahlentafeln. 1951 . . . . Bd. 342

II: Die Ausführung der Heizungs- und Lüftungsanlagen. 152 Seiten mit 165 Abbildungen und 7 Zahlentafeln. 1954 . . . . Bd. 343

SAMMLUNG GÖSCHEN / BANDNUMMERNFOLGE

281 Leisegang, Einführung in die Philosophie
284 Jacob-Weden, Quellenkunde der deutschen Geschichte III
319 Krug, Australien und Ozeanien
329 Scharrer, Agrikulturchemie I
335 Braun-Klug, Fette und Öle
336 Braun-Klug, Seifenfabrikation
342 Körting, Heizung und Lüftung I
343 Körting, Heizung und Lüftung II
344 Moser, Musikästhetik
354 Valentiner, Vektoranalysis
355 Neger-Münch, Nadelhölzer
356 Lüdemann, Fische
375 Preller, Geschichte Englands I
394/394a Schilling, Von der Renaissance bis Kant
414/414a Tafel, Hebezeuge I
422 Gottschald, Dt. Personennamen
423 Adler, Fünfstell. Logarithmen
432 Borchers, Metallkunde I
433 Borchers, Metallkunde II
439 Jaeckel, Würmer
440 Jaeckel, Weichtiere
441 Jaeckel, Stachelhäuter
445 Asmus, Physikal.-chemische Rechenaufgaben
452 Bahrdt-Scheer, Stöchiometrische Aufgabensammlung
468 Werkmeister, Vermessungskunde I
469 Werkmeister, Vermessungskunde II
483 Henglein, Lötrohrprobierkunde
492 Stolz-Debrunner, Geschichte der lateinischen Sprache
499 Niese, Autogen. Schweißen
500 Simmel, Hauptprobleme der Philosophie
521 Marcard-Beck, Dampfkessel und Feuerungen II
536 Lehmann, Kant
538 Rumpf, Archäologie I
539 Rumpf, Archäologie II
557 Nestle, Griechische Literaturgeschichte II
561 Matthes, Werkzeugmaschinen I
562 Matthes, Werkzeugmasch. II
564 Behn, Kultur der Urzeit I
565 Behn, Kultur der Urzeit II
566 Behn, Kultur der Urzeit III
571 Lehmann, Philosophie des 19. Jahrhunderts I
576/576a Moser, Gesangskunst
579 Müller-Schulze, Techn. Tabellen
585 Dehnert, Verkehrswasserbau I
589 Tochtermann, Maschinenzeichnen I
590 Tochtermann, Maschinenzeichnen II
594 Lengerken, Insekten
597 Dehnert, Verkehrswasserbau II
619 Buchwald, Kristalloptik
665 Ludin, Wasserkraftanlagen I
666 Ludin, Wasserkraftanlagen II
668 Knopp, Funktionentheorie I
691 Fauser, Kulturtechn. Bodenverbesserungen I
692 Fauser, Kulturtechn. Bodenverbesserungen II
698 Schulze, Allgemeine und physikalische Chemie II
703 Knopp, Funktionentheorie II
709 Lehmann, Philosophie des 19. Jahrhunderts II
711 Kesselring, Berechnung der Schaltgeräte
718 Neger-Münch, Laubhölzer
763/763a Beer-Meyer, Hebräische Grammatik I
764/764a Beer-Meyer, Hebräische Grammatik II
768 Bieberbach, Einführung in die konforme Abbildung
780 Krahe, Germ. Sprachwiss. II
781 Weigert, Stilkunde II
768 Schulze, Molekülbau
807 Kropp, Erkenntnistheorie I
809 Moser, Harmonielehre I
826 Koch, Philosophie des Mittelalters
827 Schwaiger, Elektromotorische Antriebe
837 Baumgartner, Gruppentheorie
845 Lehmann, Philosophie im ersten Drittel des 20. Jahrhunderts
847 Herter, Lurche
857 Capelle, Griech. Philosophie I
858 Capelle, Griech. Philosoph. II
859 Capelle, Griech. Philosoph. III
862 Werkmeister, Vermessungskunde III
863 Capelle, Griech. Philosoph. IV
877 Knopp, Aufgabensammlung zur Funktionentheorie I

878 Knopp, Aufgabensammlung zur Funktionentheorie II
881 Humburg, Gleichstrommaschine II
902 Müller, Dynamik I
903 Müller, Dynamik II
910 Jaeger, Afrika I
911 Jaeger, Afrika II
917/917a Böhm, Versicherungsmathematik II
920 Hoheisel, Gewöhnliche Differentialgleichungen
929 Schirmer, Dt. Wortkunde
930 Krull, Elementare und klassische Algebra I
931 Hasse, Höhere Algebra I
932 Hasse, Höhere Algebra II
953 Zipperer, Techn. Schwingungslehre I
961/961a Zipperer, Techn. Schwingungslehre II
965 Dehnert, Wehr- u. Stauanlagen
970 Baldus-Löbell, Nichteuklid. Geometrie
972 Herter, Tierphysiologie I
973 Herter, Tierphysiologie II
978 Kleinlogel, Baustoffverarbeitung und Baustellenprüfung des Betons
984 Graf, Die wichtigsten Baustoffe des Hoch- und Tiefbaus
999/999a Kamke, Mengenlehre
1000 Jaspers, Geistige Situation
1002 Jander-Jahr, Maßanalyse II
1003 Hoheisel, Partielle Differentialgleichungen
1008 Mellerowicz, Allgemeine Betriebswirtschaftslehre I
1009 Bechert-Gerthsen, Atomphysik I
1014 Huttenlocher, Mineral- und Erzlagerstättenkunde I
1015/1015a Huttenlocher, Mineral- und Erzlagerstättenkunde II
1021 Niese-Dienst, Elektr. Schweißverfahren
1031 Apel, Philosophisches Wörterbuch
1033 Bechert-Gerthsen, Atomphysik II
1034 Kranefeldt, Therapeutische Psychologie
1039 Dovifat, Zeitungslehre I
1040 Dovifat, Zeitungslehre II
1044 Tölke, Talsperren
1045 Schubert, Technik des Klavierspiels
1051/1051a zu Stolberg-Wernigerode, Gesch. d. Verein. Staaten v. Amerika
1057 Roth, Thermochemie
1059 Hoheisel, Aufgabensammlung zu den gewöhnl. und partiellen Differentialgleichungen
1061 Grodzinski, Getriebelehre I
1065 Haller, Von den Karolingern zu den Staufern
1070 Sauter, Differentialgleichungen der Physik
1078 Troche, Stahlbetonbau
1082 Hasse-Klobe, Aufgabensammlung zur Höheren Algebra
1084 Nusselt, Technische Thermodynamik I
1086 Müller, Dt. Dichten u. Denken
1088 Preller, Geschichte Englands II
1092 Wickop, Fenster, Türen, Tore,
1094 Hernried, System. Modulation
1096 Viëtor, Dt. Dichten u. Denken
1105 Hartung, Dt. Geschichte im Zeitalter der Reformation
1108 de Boor, Mittelhochdeutsches Elementarbuch
1109 Knopp, Elemente der Funktionentheorie
1111 Naumann-Betz, Althochdeutsches Elementarbuch
1113 Strubecker, Differentialgeometrie I
1114 Schubel, Englische Literaturgeschichte I
1115 Ranke, Altnord. Elementarbuch
1116 Meissner, Englische Literaturgeschichte II
1121 Naumann, Dt. Dichten und Denken
1122 Feist, Sprechen und Sprachpflege
1123/1123a Bechert-Gerthsen, Atomphysik III
1124 Meissner, Englische Literaturgeschichte III
1125 Lehnert, Altengl. Elementarbuch

1127 Hartmann, Geschlecht und Geschlechtsbestimmung im Tier- und Pflanzenreich
1128 Buchner, Symbiose der Tiere mit pflanzl. Mikroorganismen
1130 Dibelius, Jesus
1131 Scholz-Schoeneberg Einführung in die Zahlentheorie
1132 Frühauf, Überspannungen und Überspannungsschutz
1134 Kuckuck, Pflanzenzüchtung I
1135 Lehnert, Beowulf
1136 Meissner, Englische Literaturgeschichte IV
1137 Heil, Entwicklungsgeschichte des Tier- und Pflanzenreichs
1138 Hämmerling, Fortpflanzung im Tier- und Pflanzenreich
1140 Unger, Induktionsmaschinen
1141 Koller, Hormone
1142 Meissner-Lehnert, Shakespeare
1144 Gehler, Festigkeitslehre I
1145/1145a Herberg, Festigkeitslehre II
1146 Humburg, Synchrone Maschine
1147 v. Waltershausen, Kunst des Dirigierens
1148 Pepping, Der polyphone Satz I
1151 Nusselt, Technische Thermodynamik II
1152 Dehnert, Verkehrswasserbau III
1153 Mellerowicz, Allgem. Betriebswirtschaftslehre II
1154 Mellerowicz, Allgem. Betriebswirtschaftslehre III
1155 Schwartz, Mikrobiologie I
1156 Meinke, Kompl. Berechnung der Wechselstromschaltungen
1157 Schwartz, Mikrobiologie II
1158 Mayrhofer, Sanskrit-Grammatik
1159 Jungbluth, Gießereitechnik I
1160 Dibelius-Kümmel, Paulus
1161 Kaestner, Spinnentiere
1162 Seidel, Entwicklungsphysiologie der Tiere I
1163 Seidel, Entwicklungsphysiologie der Tiere II
1165/1165a Bechert-Gerthsen, Atomphysik IV
1169 Paulsen, Allgem. Volkswirtschaftslehre I

AUTORENREGISTER

80/55

FSC
www.fsc.org
MIX
Papier | Fördert gute Waldnutzung
FSC® C083411

Zeitfracht Medien GmbH
Ferdinand-Jühlke-Straße 7
99095 Erfurt, Deutschland
produktsicherheit@kolibri360.de